Probing into the Problems in Design of Wood Structures

木结构设计中的问题探讨

祝恩淳　潘景龙　著

中国建筑工业出版社

图书在版编目（CIP）数据

木结构设计中的问题探讨/祝恩淳，潘景龙著. —北京：中国建筑工业出版社，2017.5
ISBN 978-7-112-20793-0

Ⅰ. ①木… Ⅱ. ①祝…②潘… Ⅲ. ①木结构-结构设计 Ⅳ. ①TU366.204

中国版本图书馆 CIP 数据核字（2017）第 115018 号

责任编辑：刘瑞霞　辛海丽
责任设计：李志立
责任校对：王　烨　焦　乐

Probing into the Problems in Design of Wood Structures
木结构设计中的问题探讨
祝恩淳　潘景龙　著

*

中国建筑工业出版社出版、发行（北京海淀三里河路 9 号）
各地新华书店、建筑书店经销
唐山龙达图文制作有限公司制版
北京圣夫亚美印刷有限公司印刷

*

开本：850×1168 毫米　1/32　印张：7¾　字数：206 千字
2017 年 10 月第一版　2017 年 10 月第一次印刷
定价：**30.00** 元
ISBN 978-7-112-20793-0
(30451)

本书论述了木结构设计中关于可靠度、受压及受弯构件的稳定性和销连接承载力计算等方面的问题，并试图提供解决有关问题的方法。主要介绍了木材与木产品的种类和性能特点，并通过可靠度分析提出了确定木材与木产品强度设计指标的方法。提出了受压木构件稳定系数的统一算式、受弯木构件侧向稳定系数的统一算式，并通过试验研究、随机有限元分析验证了受压木构件稳定系数算式的正确性和适用性。根据试验结果提出了基于欧洲屈服模式的销连接承载力的计算式，并经可靠度校准确定了对应于各屈服模式的抗力分项系数。所提出的确定木材与木产品强度设计指标的方法、受压和受弯木构件稳定系数的统一算式以及销连接承载力计算式为《木结构设计规范》GB 50005—2017 所采用。

前　　言

　　在世纪之交得以复兴以来，我国木结构事业取得了很大的发展。期间，木结构设计理论与方法遇到了一系列的问题需要厘清与解决。设计理论与方法与工程实践和经济技术发展水平既相互促进，又相互制约。从广泛应用木结构的 20 世纪 50 年代到基本停用木结构的 80 年代末，我国木结构设计理论与方法适用于方木与原木制作的木结构，主要是指由砖墙承重的木屋盖体系。方木与原木的特点是按木节、斜纹等缺陷的严重程度划分为三个材质等级，是谓目测定级，但并未按材质等级区分强度，即未进行应力定级，三个材质等级的方木与原木具有相同的强度设计值。现代木产品的特点是既划分材质等级，又按材质等级区分强度，是谓应力定级，不同材质等级的木材具有不同的强度设计值。我国规范中，方木、原木与现代木产品并用，在强度设计值的确定、构件承载力计算及节点连接承载力计算等方面都给木结构设计带来了诸多问题。本书作者为解决这些问题做出了努力，相关的研究成果，已为《木结构设计规范》GB 50005—2017 所采用。

　　除已有的方木与原木，自规范 GB 50005—2003 始，纳入了北美锯材、欧洲锯材以及目测分级层板胶合木和机械分级层板胶合木等现代木产品。这些木材与木产品的强度与变异性各不相同，需要在符合《建筑结构可靠度设计统一标准》GB 50068—2001 和《工程结构可靠性设计统一标准》GB 50153—2008 关于可靠度的规定的前提下确定其强度设计值。因而开展木结构的可靠度分析，提出确定木材与木产品强度设计值的方法，是本书的主要任务之一。构件承载力的计算问题主要体现在受压和受弯木构件稳定系数的计算上。规范 GB 50005—2003 既有的稳定系数计算式中不含木材的弹性模量和强度这两项力学指标，就不适用

4

于经应力定级的现代木产品制作的木构件。稳定系数的计算还涉及荷载持续作用效应对木材强度和弹性模量的影响问题，以及计算稳定性和强度所决定的承载力的抗力分项系数是否相同的问题。各国规范对这些问题的处理方法互不相同。在保持我国既有计算方法的基础上，提出既适用于方木与原木构件又适用于各类现代木产品制作的构件的稳定系数的统一算式，也是本书的一项任务。我国既有的螺栓连接承载力的计算方法，仅适用于相同树种、相同材质等级木材构件且螺栓采用 Q235 钢的连接，不满足现代木结构可连接不同等级木材构件且可采用其他等级钢材螺栓的需要。销连接承载力计算式中用木材的抗压强度代替木材的销槽承压强度，也不适用于应力定级的现代木产品。但我国关于销连接中销的塑性不充分发展的处理方法最符合工程实际。因此在我国设计理论与方法的基础上，提出满足现代木结构设计需要的销连接承载力的计算方法，是本书的又一项任务。

本书试图解决的是近年来在教学、科研和规范编制、修订工作中遇到的木结构设计理论与方法的部分问题，但远非问题的全部。相信未来学者们会进一步解决木结构事业发展中的更多设计理论和方法问题。

本书研究工作出自国家自然科学基金项目-木结构设计计算理论关键问题研究（51278154），特此感谢国家自然科学基金的资助。木结构研究中心的研究生李天娥、乔梁（可靠度分析）、武国芳、张迪（压杆稳定）、刘志周、周晓强（螺栓连接）等同学的研究工作为本书提供了素材，王笑婷同学为本书完成了部分绘图工作，谨向他们表示感谢。

限于学识水平，书中难免存在谬误之处，敬请读者批评指正。

祝恩淳　潘景龙
2017 年 3 月

目　　录

Contents

16

第 1 章　绪　　论

1.1　我国木结构的兴衰

1.1.1　古代木结构

木材是大自然赐予人类的一种天然材料，从钻木取火、弓弩制作到轮船、车辆乃至飞机制造，木材始终伴随着人类文明的发展史。在建筑领域，从利用树干、枝杈搭建遮风避雨的原始窝棚，到利用原木与方木建造住房和庙宇宫殿，再到利用规格化的木材或木材产品建造现代木结构住宅、体育场馆等大型公共建筑，人类开发利用木材作为建筑材料经历了漫长的历史过程。

早在距今约四万至一万年前的旧石器时代晚期，已有中国古人类"掘土为穴"（穴居）和"构木为巢"（巢居）的原始营造遗迹。而分别代表两河流域文明的浙江余姚河姆渡遗址和西安半坡遗址，则表明早在七千至五千年前，中国古代木结构建造技术已达到了相当高的水平。星转斗移，中国古代木结构不断演化改进，逐渐形成了梁柱式构架和穿斗式构架两类主要体系以及榫卯与斗栱连接方法。自战国以降，迟至清末甚或今日，这两种体系一直沿用。

梁柱式构架　梁柱式构架的柱网一般下以石础为基，上或以榫卯或以斗拱承托横梁（额、枋）；横梁上再立短柱（瓜柱），承托更上一层横梁，最上层横梁承托檩子。横梁跨度自下而上逐层减小，形成坡屋顶构架。较重要建筑中，柱网一般布置成内槽柱与外槽柱两圈。内槽柱间、外槽柱间及内、外圈柱间以阑额等水平构件相连，保证了梁柱构架的整体刚度。与西方木结构体系不

1

同，中国古代木结构并不采用任何形式的桁架。

穿斗式构架　流传于长江流域及以南地区，主要用于民间住宅建筑。穿斗式构架的主要构件有柱、穿枋、斗枋、纤子和檩子。穿枋沿房屋横向穿过柱子形成木排架，斗枋像梁柱式构架中的额枋沿纵向穿过柱子，以固定排架，从而形成木框架。纤子搁置于斗枋之上，以便铺设楼板。檩子直接搁置在柱顶上，而不同于梁柱式构架搁置于梁头上。

榫卯连接与斗拱连接　自然界中树枝杈生于树干，树干、树枝有机地"连接"为整体，形成可以承重的结构。观察一含木节的树干的纵剖面，会发现节孔恰似一卯眼，枝根恰似一榫头插入节孔。此可谓一种天作之合的"榫卯"连接。效法自然，将梁（额、枋）等水平构件端部切削成榫，在柱上凿孔为卯，梁柱便通过榫卯连接结为一体。这种连接似浑然天成而历久不衰。

树干顶端向上向外生长枝杈以承托树冠，承重力与风力，可谓树状结构。古代木结构中，在柱顶向上向外逐层叠放弓形悬臂构件，是谓拱；拱与拱之间设置方形木垫块，是谓斗，合称斗拱以承托横梁。斗拱增大了梁的支承长度，减小了梁的跨度，且便于形成屋面挑檐。斗拱连接恰似由树干顶端扩展的树冠，是效法自然的又一杰作。

仅从外观形式上看，中国古代木结构的连接方法可区分为榫卯连接与斗拱连接。实际上，斗拱中各构件也是通过榫卯结合在一起的，因此中国古代木结构的连接形式尽可归类于榫卯连接。榫卯连接与斗拱连接是一类半刚半铰的节点，各部件间具有摩擦、滑移的能力，节点具有一定的耗能功效。加之木材本身的韧性较好，因此中国古代木结构具有良好的抗风、抗震能力，这是宋代以降我国众多古代木结构得以传世至今的原因之一。

有记载的中国古代著名木结构建筑为数众多，但大都已湮灭于历史的长河之中，无从寻觅其踪影。现存的木结构实物，最早可追溯至唐朝中后期，例如建于782年的山西五台县南禅寺和建于857年同地的佛光寺，但均系毁而后代重建。自宋辽各代，遗

2

留建筑实物渐多，而明清最多。图 1-1 所示是应县佛宫寺释迦塔，俗称应县木塔，是我国现存最古老、最高的木结构，也仍然是目前世界上最高的木结构[1]。

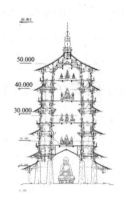

(a) 应县木塔全貌　　　(b) 应县木塔剖面图

图 1-1　应县木塔

应县木塔位于山西应县城内西北佛宫寺内，建于 1056 年，是一座木构塔式建筑，也是唯一一座木结构楼阁式塔。木塔建造在 4m 高的台基上，塔高 67.31m，底层直径 30.27m，呈平面八角形。第一层立面重檐，以上各层均为单檐，共五层六檐。各层间夹设暗层，故木塔实为九层。塔身采用内外两环的柱网布置，内环柱以内为内槽，在明层内形成高敞空间供奉佛像，外槽则提供人流活动空间。暗层为容纳平座结构和各层屋檐提供空间，同时亦为承托其上明层的平台。这一点有类于平台式轻型木结构的概念。

木塔所有各层间的上下柱是不连续的，上层柱的柱脚插入下层柱柱头的斗拱中，但外檐柱与其下方平座层柱共轴线，而比下层外檐柱内移半个柱径。这种构造方式称为"叉柱造"，是唐、宋、辽时期木构建筑的传统做法。与之对应的是"永定柱造"，即柱子由地面立起直通二层平座层，现存永定柱造的唯一实例是河北正定隆兴寺慈氏阁。

近年来，世界上各国兴起了一股研究、建造高层木结构的潮流。已经建成的最高的木结构，是位于挪威卑尔根市的一座14层的胶合木结构建筑。就应县木塔的高度而言，至今仍无出其右者。但历经近千年后的木塔，结构已歪斜扭曲，部分构件发生残损，材性发生退化。如何采取维修加固措施，保证木塔屹立不倒，是摆在人们面前的紧迫课题。

1.1.2 新中国成立后的木结构

中国传统的梁柱体系跨度往往受限，且耗用木材较多。随着西方科学技术的传入，出现了桁架这种构件形式，木结构房屋逐渐转变为由砖墙支承的木桁架结构体系所替代，称砖木结构房屋，是一种砖墙承重的木屋盖体系。新中国成立初期百废待兴，而钢材、水泥短缺，大多数民用建筑和部分工业建筑都采用了这种砖木结构形式。据1958年统计，这类房屋占总建筑的比例约为46%[2]。20世纪五六十年代所建的这类砖木混合结构建筑，不少至今还在使用。在这一时期，木结构虽基本上被限制在木屋盖应用范围内，但仍处于兴旺时期，木结构仍可与混凝土结构、砌体结构和钢结构并称四大结构之一，在国民经济建设中发挥着重要作用。与此同时，各高校、科研院所有众多人员从事木结构的教学、科研工作。规范编制、科研、教学的内容也基本以砖木结构为中心。随着我国国民经济建设发展的前三个"五年计划"的推进，基本建设的规模迅速扩大，木材需求量急剧增加，森林被大量采伐，木材资源日趋短缺。20世纪70年代后，我国基本停用木结构，高校中的木结构课程也逐渐停设，木结构陷于停滞状态，时达二十余年之久。

在我国停用木结构期间，木结构在美、日、欧等国家和地区取得了长足发展。木结构的研究与应用在这些国家与时俱进，居于世界领先地位。木结构的发展应用呈现两个特点，一是木结构产品生产标准化和规格化，以提高生产效率。轻型木结构即代表这一特点。轻型木结构所用规格材和木基结构板，都是标准化和规格化的工业产品，可以大批量生产，价格低廉；轻型木结构所用钉连接，是木结构中最简捷的连接方式，施工效率高。轻型木结构在北美、北欧地区得到广泛应用，占这些地区住宅建筑的90％以上[3]。世界木结构发展的另一个特点是人工改良的木产品即工程木（Engineered Wood Products，EWP）的发展及其结构应用，胶合木及结构复合木材等工程木产品代表这一发展趋势，适合于建造大型复杂木结构。例如采用胶合木建于1997年的日本秋田县大馆市树海体育馆，其跨度达178m，系木结构跨度之最。大跨空间木结构，是一国木结构技术发展水平的标志。世界各地尚有众多类似木结构，限于篇幅，不一一列举。还可以归类于这一发展特点的是近年兴起于欧美地区的多高层木结构，主要采用正交胶合木和胶合木建造，规划或预研中的高层木结构可达30层以上，已建成的最高层数木结构为14层，位于挪威的卑尔根市。我国也在推进多高层木结构的研发，其抗震、抗风和防火设计是需要重点解决的问题。

随着我国经济实力的不断增长以及全球经济一体化的大势所趋，我国已经可以从国际市场上进口相当可观数量的木材，并引进木结构设计、制作和木产品生产技术。另一方面，我国可资利用的森林资源，主要是人工林，也在逐步增长。20世纪90年代末期，以引进北美轻型木结构为标志，木结构的研究与应用在我国逐步恢复。

21世纪以来，木结构事业在我国取得了可喜的发展，主要体现在以下几个方面：（1）轻型木结构获得大量应用。自2000年以来，已建成的轻型木结构房屋分布遍及我国大部分地区。（2）胶合木结构逐渐兴起。具代表性的工程实例有杭州的香积寺、苏州的欢乐胥江木拱桥[4]、成都的欢乐谷[5]以及柳州的开元寺等工程。（3）具有中国特色的竹材和竹木复合材研发应用进展显著。胶合竹（Glubam）获注册专利，轻型竹结构体系已然成型[6]，已经建成的还有竹木复合材示范工程[7]。（4）木结构技术标准体系业已形成。主要包括《木结构设计规范》GB

50005、《胶合木结构技术规范》GB/T 50708、《结构用集成材》GB/T 26899、《木结构试验方法标准》GB/T 50329、《木结构工程施工质量验收规范》GB 50206 等。(5)部分大专院校和科研单位重新开设木结构课程,在各类资助支持下开展木结构相关研究,并积极扩大国际交流与合作。木结构研究与应用在我国又发展到了一个崭新的阶段。

1.2 木结构设计理论与方法中的有关问题

我国既有木结构设计理论与方法基本以苏联设计理论为基础发展而来,适用于我国方木与原木制作的木结构(基本为下部由砖墙承重的木屋盖体系),不适用于现代胶合木、北美锯材和欧洲锯材制作的木结构。以下为所遇到的几个较为突出的问题。

1.2.1 方木、原木与工业化生产的木产品

不同国家和地区的木产品具有不同的特点,木结构设计理论和方法的发展与木产品的特点是紧密相联的。我国方木与原木的主要特点是树种(出身)决定强度,将不同树种或树种组合的方木、原木和板材按外观质量划分为三个材质等级,但对其强度指标未作区分。使用中则规定了不同材质等级木材的用途,即缺陷少、纹理直的木料用于受拉和拉弯构件,差一点的用于受弯构件,更差的用于受压或受力小的构件。这是我国原有的方木、原木与现代木产品的重要区别。我国已引进北美锯材(含规格材和方木)和欧洲锯材,这是一类标准化、工业化生产并经强度定级、标识的木产品。层板胶合木等工程木产品也是标准化、工业化生产的。产品尺寸规格化、系列化是欧美锯材的共同特点。北美锯材的特点是同一树种或树种组合的木材可划分为不同的强度等级,且又区分为目测定级木材和机械定级木材;欧洲锯材分为针叶材和阔叶材两大类,虽然也将锯材划分为不同的强度等级,也采用目测定级方法或机械定级方法确定强度等级,但锯材产品

并不区分树种，也不区分是否目测定级木材或机械定级木材。

实际上，木材的各类缺陷对其强度的影响可以超过树种的影响。例如按我国方木与原木强度等级的划分方法，美国树种云杉-松-冷杉（S-P-F）属强度等级较低的 TC11-A 级，而花旗松-落叶松（Douglas Fir-Larch）则属于强度等级较高的 TC15-A 级。也就是说，花旗松-落叶松木材的强度总是高于云杉-松-冷杉。但目测应力等级为 I_c 级（Select Structural）的云杉-松-冷杉规格材的强度指标已远超过花旗松-落叶松 II_c 级及以下等级的规格材。由此可见，采用按标准化、工业化生产的木产品，采用既考虑木材树种又考虑材质等级的方法划分木材的强度等级能更合理地利用木材资源，符合现代木结构发展的趋势。我国的木结构设计理论与方法需要适应方木、原木与现代木产品并存的情况。

1.2.2　木结构的可靠度

可靠度是指结构在规定的时间内和规定的条件下完成预定功能的概率，是结构可靠性的定量描述。我国包括木结构在内的各类工程结构都应满足《建筑结构可靠度设计统一标准》GB 50068—2001[9] 或《工程结构可靠性设计统一标准》GB 50153—2008[8] 规定的可靠度指标要求，即目标可靠度，都应在这个前提下确定材料的强度设计指标。研发工业化、标准化的现代木产品，引进国外木产品，都涉及在满足我国可靠度要求的前提下确定木材强度设计指标的问题。因此，我国木结构的可靠度仍是一个值得研究的问题。

目标可靠度是某一国家根据自身经济技术发展水平作出的适合具体国情的规定，因此不同国家的目标可靠度并不是相同的。比如我国的基于安全等级为二级的建筑结构的目标可靠度为 $\beta_0 = 3.2$（延性破坏）、3.7（脆性破坏）；美国建筑结构的目标可靠度为 $\beta_0 = 2.4$；而欧洲标准化委员会（European Committee for Standardization）向欧盟国家推荐采用的建筑结构的目标可靠度为 $\beta_0 = 3.8$。目标可靠度与所在国的经济技术发展水平相适应，与所在国的技术标准体系相适应，目的在于使所设计的结构"既安全可靠，又经济合理"。不同国家之间不宜攀比，也不能照搬。对于木结构而言，怎样按我国的可靠度要求去确定木产品的强度设计指标？这是一个尚需给出合理答案的问题。

1.2.3 受压和受弯木构件的稳定问题

受压木构件和受弯木构件稳定承载力的计算，归结到稳定系数的计算上。稳定系数的取值直接影响结构的安全性与经济性。不难理解，对于长细比已定的木构件，稳定系数的大小根本上取决于所用木材的弹性模量 E 和抗压强度 f_c 的比值（E/f_c）。E/f_c 比值愈大，稳定系数愈易接近于 1.0，即材料的强度较低，构件的承载力更趋向于强度控制。反之，如果 E/f_c 比值愈小，说明材料的强度愈高，构件的承载力更趋向于稳定控制，稳定系数就应愈小。问题在于，我国方木与原木并不按材质等级划分强度等级，而只是以树种来区分，因此在稳定系数的计算式中将比值 E/f_c 作了定值化处理，即同一树种同一长细比的构件，不论其目测等级是Ⅰa、Ⅱa还是Ⅲa，所计算的稳定系数都是相同的。而现代木产品按材质等级划分强度，不同等级的木产品具有不同的比值 E/f_c，其木构件应该具有不同的稳定系数值。因此，我国规范中既有的受压木构件的稳定系数计算式不适用于现代木产品构件。反之，其他国家规范中稳定系数计算式也不适用于我国的方木与原木构件。

以规格材为例，由于缺陷的影响程度不同，同树种不同等级的规格材的顺纹抗压强度相差很大，而弹性模量相差不大，因而比值（E/f_c）相差很大。故同一树种不同等级的规格材，在同一长细比下应有不同的稳定系数。现假设一云杉-松-冷杉（S-P-F）规格材受压构件的长细比为 60，按我国规范现有的计算方法可算得其稳定系数为 $\varphi=0.54$。若其目测应力等级分别为Ⅰc、Ⅱc、Ⅲc、Ⅳc，则按美国规范的计算方法可算得其稳定系数分别为 $\varphi=0.716$、0.753、0.753 和 0.853。由于规定的Ⅱc、Ⅲc

级规格材的强度指标相同，故对应的稳定系数相同。按美国规范与我国规范所计算的受压构件的稳定系数，相差达到了 33％～58％。稳定系数的计算结果相差如此之大，原因是什么？哪个更合理？现代木产品受压、受弯构件的稳定系数应怎样计算？这些都是发展我国木结构亟需给出答案的问题。

1.2.4 销连接的承载力

销连接主要包括螺栓连接和钉连接，是木结构中最常用的连接形式。我国规范的设计计算方法是假设木材和钢材的应力-应变关系都符合理想弹塑性模型，且规定被连接构件木材的材质相同，设计中排除木材销槽承压先行达到极限状态的破坏模式，使销和销槽承压都达到极限状态，即销屈服、木材销槽承压局部达到极限压应变，即达到弹性极限变形的 2 倍。这种设计方法所反映的思想是充分利用材料。且为使连接具有良好延性，一般采用塑性好的低碳钢（螺栓连接过去采用 A3 钢，现为 Q235 钢）。承载力计算式推导中有的步骤上对钢材和木材的强度作了定值处理，因此，我国规范中销连接承载力计算式的适用范围受到限制。而美欧等国家的规范都采用欧洲销连接屈服模式（EYM），假定被连接构件木材的材质等级不同，且钢材和木材的应力-应变关系都符合理想刚塑性模型，考虑 6 种失效模式，取其中的最低承载力。显然，欧美等国规范的计算方法更适应现代木结构的设计计算，但我国的计算方法也有其独到之处，比如考虑塑性不完全发展的对销屈服所形成的塑性铰的处理方法，与销连接的实际工作情况最相符。可见，引入现代木产品后，销连接承载力的计算也面临调整改进的问题。

随着木结构研究和工程应用的不断深入和发展，随着越来越多的国际交流，促使人们不断思考、发现木结构设计理论和方法的新问题。对待这些问题的解决办法，对待我国规范和外国规范中关于这些问题的设计方法，不宜简单地持肯定或否定的态度，不宜照搬国外方法。需要开展深入的研究，提出具有中国特色，适合中国国情的设计理论和方法。本书正是针对目前所遇到的上述问题，探索并寻求其解决办法。

1.3　我国木结构设计规范修订简要回顾

自 1950 年代以来，我国先后颁布过《木结构设计暂行规范》规结—3—55（以下简称规结—3—55)[10]、《木结构设计规范》GBJ 5—73（简称规范 GBJ 5—73)[11]、《木结构设计规范》GBJ 5—88（简称规范 GBJ 5—88)[12]、《木结构设计规范》GB 50005—2003（简称规范 GB 50005—2003)[13]、《木结构设计规范》GB 50005—2017（简称规范 GB 50005—2017)[14]。

规结—3—55　建筑工程部于 1955 年 3 月批准颁布了新中国成立后的第一部木结构设计规范《木结构设计暂行规范》规结—3—55。该暂行规范由中国建筑工程部技术司主编，系根据苏联木结构设计标准及技术条例 HиTy-2-47 所制订，共含 7 章 66 条。7 章的内容分别为应用范围、材料、容许应力、结构设计的一般指示、构件的计算、构件的结合、结构。虽是初创规范，内容显得简洁，但所形成的规范的基本框架，直至今天仍延续其影响。

规范 GBJ 5—73　1973 年 11 月中国国家基本建设委员会批准颁布了由四川省基本建设委员会主编的《木结构设计规范》GBJ 5—73。规范 GBJ 5—73 以木屋盖为主线所作的主要修订工作包括：将板材与方木的材质等级标准分开规定；补充了使用含水率大于 25％ 的木材的技术措施；修改了受压构件稳定系数（时称纵向弯曲系数）计算式和齿连接（时称连接为联结）计算式；增加了木屋盖中支撑和锚固的内容。规结—3—55 开始时，我国的技术标准尚未形成体系，木结构中的用材也很单一，故将木材的材质等级标准置于了结构设计规范中。但今天看来，木材与木产品的材质等级标准应置于产品标准中。

规范 GBJ 5—88　进入 1980 年代中期，我国各类结构的设计方法开始由安全系数法或允许应力法转向基于可靠度的极限状态设计法。木结构设计规范也随之进行了修订，建设部于1988年10月批准颁布了由中国建筑西南设计院、四川省建筑科学研究院及哈尔滨建筑工程学院主编的规范 GBJ 5—88，取代规范 GBJ 5—73。本次修订的主要内容包括："根据国家标准《建筑结构设计统一标准》GBJ 68—84 的规定，采用以概率理论为基础的极限状态设计；全面校准可靠度指标 β 值，改进材料强度分级方法；轴心受压构件稳定系数改用两条曲线；改进压弯构件承载能力的计算公式；修正齿连接计算系数 ψ_v 值；增加胶合木结构内容；增加木结构设计对施工质量要求的内容以及完善木结构防腐防虫药剂和增加木结构防火措施等内容。"规范 GBJ 5—88 应是我国木结构发展史上占有重要地位的一次修订，不仅将设计方法由安全系数法转变为基于可靠度的极限状态设计法，实现了设计理论与方法的变革，也是对我国20世纪六、七十年代木结构工程应用经验的总结。其中的受压构件稳定系数的计算方法、压弯构件承载力的计算式以及所增加的关于胶合木的规定还体现了当时我国木结构研究的成果和工程应用的进展，并带有崇尚"独立自主、自力更生"的时代精神印记。不幸的是，规范 GBJ 5—88 甫一面世，即面临我国因木材短缺而停用木结构的局面，未能发挥其应有作用。我国的木结构研究也几近停滞于规范 GBJ 5—88 的水平。

规范 GB 50005—2003 世纪之交，我国引进北美的轻型木结构，标志着木结构工程应用的逐渐恢复。自1999年开始，对木结构设计规范进行了修订，建设部于2003年10月批准颁布了由中国建筑西南设计研究院和四川省建筑科学研究院主编的规范 GB 50005—2003。这次修订对规范 GBJ 5—88 原有的内容基本未作改动，主要增加了轻型木结构一章，且主要是关于轻型木结构构造要求的规定。在结构用材方面增加了规格材的规定，在连接计算中增加了齿板连接的规定，实际上都是属于轻型木结构的内容。建设部于2005年11月又批准颁布了规范 GB 50005—2003（2005年版），内含对规范 GB 50005—2003 的局部修订。

局部修订实际上仅是增加了关于"欧洲地区目测分级进口规格材强度设计值和弹性模量"以及"机械分级规格材的强度设计值和弹性模量"的规定。但欧洲实际上既不存在规格材这种木产品,也不存在以目测分级为区分种类的木材。规范 GB 50005—2003的修订过程中,基于清材小试件的以树种决定木材强度的原有的方木、原木与基于足尺试件试验经标准化工业化生产的规格材历史性地融入同一部标准,来自不同国家的规范中体系的木产品遇到一起,使我国木结构设计理论与方法面临 1.2 节所列举的问题,为木结构的发展既提供了机遇,也提出了挑战。

自 2006 年 6 月始,住房和城乡建设部标准定额司同时主持制订《胶合木结构技术规范》和《轻型木桁架技术规范》两部标准,住建部于 2012 年 1 月同时批准颁布了《胶合木结构技术规范》GB/T 50708—2012[15](简称规范 GB/T 50708—2012)和《轻型木桁架技术规范》JGJ/T 265—2012[16](简称规范 JGJ/T 265—2012)。规范 GB/T 50708—2012 主要参考美国木结构设计规范 NDSWC-1997[17] 或 NDSWC-2005[18] 而制订,规范 JGJ/T 265—2012 主要参考加拿大企业标准 Truss Design Procedures and Specifications for Light Metal Plate Connected Wood Trusses(TPIC-2007)[19] 而制订。由于北美木结构的设计理论与方法以及所采用的木产品与我国并不相同,该两部标准的问世使得 1.2 节所列举的几个问题更为突出,凸显了改进木结构设计理论与方法的必要性和紧迫性。

规范 GB 50005—2017 根据住房和城乡建设部《关于印发2009 年工程建设标准规范制订、修订计划的通知》,自 2009 年12 月开始对规范 GB 50005—2003 进行修订。经住房和城乡建设部标准定额司和住房和城乡建设部建筑结构标准化技术委员会协调,对 1.2 节所列举的几个问题进行了深入研究,重点解决了按标准 GB 50068—2001 和标准 GB 50153—2008 的要求确定进口木产品的强度设计指标、改进受压木构件、受弯木构件稳定系数计算方法以及改进销连接承载力计算方法等主要问题,使木结构设计理论与方法既适用于方木与原木制作的木结构，也适用于新纳入规范的胶合木和进口锯材等现代木产品制作的木结构。

自规范 GB 50005—2003 开始，我国木结构设计规范的制、修订受到来自更多国家的规范的影响，甚至直接采用了国外规范的部分条文和计算公式。这些规范及其版本的年号主要包括美国木结构设计规范 National Design Specifications for Wood Construction（简称美国规范 NDSWC-1997 或 NDSWC-2005）[17-18]、加拿大木结构设计规范 Engineering Design in Wood CSA O86-01（简称加拿大规范 CSA O86-01，其中 01 代表 2001 版）[20]、欧洲木结构设计规范 Eurocode 5：Design of timber structures-Part 1-1：General-Common rules and rules for buildings EN 1995-1-1：2004（简称欧洲规范 Eurocode 5-2004 或 EC 5-2004，实际上应称为欧盟规范）[21]。因本书与修订规范 GB 50005—2017 同步，故主要参考的是这些国外规范对应的上述版本。当然也参考了其最新版本，如美国规范 NDSWC-2015 和加拿大规范 CSA O86-14。当本书需要引用这些规范中的准确信息时，将标明其版本年号，当引用不同年号版本中的共性信息时，则不标明其版本年号。

木结构类技术标准与规范对工程应用与发展具有重要影响，与木结构的研究和教学工作也有重要的相互影响作用，规范编制、修订工作的重要性是显而易见的。值得肯定的是，我国木结构类技术标准的体系已基本成形，其中包括关于胶合木（结构用集成材）、锯材等的产品标准，也包括关于木结构设计、施工和工程质量验收的规范以及木结构试验方法标准等。在标准体系中需要完善和改进的首先是设计理论与方法，这有赖于我国木结构研究工作的进展。另一点是需要明确各规范间的分工，加强各规范间的联系和协作。例如规范 GB 50005 中关于方木与原木、规格材的材质等级标准、树种识别，甚至层板胶合木的组坯方式等规定，宜由相应的产品标准作出。现行木结构工程施工质量验收规范中关于胶合木工厂生产的许多规定也宜放到相应的产品标准中。

参考文献

[1] 潘景龙，祝恩淳．木结构设计原理．北京：中国建筑工业出版社，2009.

[2] 樊承谋．木结构在我国的发展前景．建筑技术，2003，34（4）：297-298.

[3] 何敏娟，Frank Lam，杨军，张盛东．木结构设计．北京：中国建筑工业出版社，2008.

[4] 陆伟东．现代木结构及其应用．2010中国木结构技术及产业发展高峰论坛文集．

[5] 杨学兵．胶合木结构在中国的发展趋势．2010中国木结构技术及产业发展高峰论坛文集．

[6] 肖岩．现代竹结构研发进展．2010中国木结构技术及产业发展高峰论坛文集．

[7] 王正．竹材及竹质复合工程材料在现代建筑中应用的进展．2010中国木结构技术及产业发展高峰论坛文集．

[8] GB 50153—2008 工程结构可靠性设计统一标准［S］．北京：中国建筑工业出版社，2008.

[9] GB 50068—2001 建筑结构可靠度设计统一标准［S］．北京：中国建筑工业出版社，2001.

[10] 规结—3—55 木结构设计暂行规范［S］．北京：建筑工程出版社，1955.

[11] GBJ 5—73 木结构设计规范［S］．北京：中国建筑工业出版社，1974.

[12] GBJ 5—88 木结构设计规范［S］．北京：中国建筑工业出版社，1989.

[13] GB 50005—2003 木结构设计规范［S］．北京：中国建筑工业出版社，2006.

[14] GB 50005—2017 木结构设计规范（报批稿）［S］．成都：木结构设计规范编制组，2016.

[15] GB/T 50708—2012 胶合木结构技术规范 [S]. 北京：中国建筑工业出版社，2012.

[16] JGJ/T 265—2012 轻型木桁架技术规范 [S]. 北京：中国建筑工业出版社，2012.

[17] NDSWC-1997：National design specification for wood construction [S]. Washington, DC：American Forest & Paper Association, American Wood Council, 1997.

[18] NDSWC-2005：National design specification for wood construction ASD/LRFD [S]. Washington, DC：American Forest & Paper Association, American Wood Council, 2005.

[19] TPIC-2014 Truss Design Procedures and Specifications for Light Metal Plate Connected Wood Trusses [S]. Truss Plate Institute of Canada, Bradford, Ontario, Canada, 2014 (c/o Mitek Canada, Inc, 100 Industrial Rd)

[20] CSA O86-01 Engineering Design in Wood [S]. Canadian Standards Association, Toronto, 2005.

[21] EN 1995-1-1：2004 Eurocode 5：Design of timber structures [S]. European Committee for Standardization, Brussels, 2004.

第 2 章　木材与木产品

2.1　概述

　　木材与木产品（Wood and wood product）是一含义广泛的术语。木材（Wood）既指不含缺陷的"理想"木材——清材（Clear wood），也指含有各种天然缺陷的工程所用的木料——结构木材（Structural timber 或 Timber）。木材还可以指木产品（Wood product），即经工业化生产加工的木材，包括各种锯材（Sawn lumber），如规格材、方木等，以及经更进一步加工的木材如层板胶合木（Glued laminated timber，Glulam）和结构复合木材（Structural composite lumber，SCL）等。与原材料木材的不同之处是，木产品是工业化生产的产品，具有不同的强度等级，具有产品标识。

　　清材用以研究木材的基本物理力学性质，试验所用的试件称为清材小试件（Small clear specimen）。在早期，结构木材的强度设计指标都是在经清材小试件试验获得的力学性能指标的基础上，考虑各种缺陷的不利影响及安全性要求获得的。现在，有的木产品的力学性能指标可通过足尺试件（Full sized 或 Structural sized specimen）试验直接获得。各类教科书中的结构用木材，一方面指适用于木结构的木材树种，另一方面其更重要的含义则应指结构木材。

　　常用于表示木材的英文词汇有 wood、lumber 及 timber 等。这些词汇并没有严格区分，主要是使用习惯使然。Wood 一般指清材，因此表示木材的基本物理力学性质时多用 wood 一词。Lumber 和 timber 多用于足尺材或结构木材，timber 一般用于截面尺寸较大一些的木产品。习惯上，北美将木结构称为 Wood Structures 或 Wood Construction，欧洲则称为 Timber Structures。

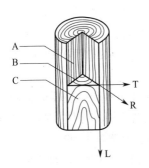

图 2-1　木材的主切面和主方向
A—径切面；B—横切面；C—弦切面；L—顺纹方向或轴向；
T—切向或弦向；R—径向

　　木材的树种分为针叶树（Needle leaved 或 Coniferous）和阔叶树（Broad leaved）两大类。针叶树是常绿（Evergreen）乔木，所产木材一般称为软木（Softwoods）。阔叶树是落叶乔木，所产木材一般称为硬木（Hardwoods）。针叶树木材一般具有树干长挺、纹理平直、材质均匀、木质软而易加工，干燥时不易产生干裂、扭曲等形变，并具有一定耐腐能力等特点，是适宜的结构用木材树种。阔叶树木材一般强度较高、质地坚硬、不易加工、不吃钉、易劈裂，干燥过程中易产生干裂、扭曲等形变，耐腐能力有的很强，有的却较低。我国早期的结构用木材大多为优质的针叶树，主要包括红松、杉木、云杉和冷杉等树种。随着优质针叶树种资源趋于短缺，需扩大树种利用，逐渐利用具有某些缺点的针叶树种，如南方的云南松、北方的东北落叶松、樟子松等，也利用某些阔叶树种，如桦木、水曲柳、椴木等。

　　木材是自然生长的各向异性（Anisotropy）材料，沿顺纹方向（Parallel to grain）与沿横纹方向（Perpendicular to grain）的物理力学性能有很大的不同。即使沿横纹方向，其径向（Radial）和弦向（切向-Tangential）的物理力学性能也有差别。这是由于天然生长因素使木材在这三个方向的构造不同所致。因此，需要基于三个主切面方向研究木材的物理力学性能。如图2-1所示，这三个主切面分别称为横切面、径切面和弦切面；三个主方向分别称为顺纹方向或轴向（L）、径向（R）以及切向或弦向（T）。

制作木构件的木材和木产品主要分为两大类，一类是直接由天然生长的木材锯切加工所获得的锯材（Sawn timber 或 Sawn lumber）。另一类是对天然生长的木材采用不同工艺改进加工（Engineered）所获得的木产品，即工程木产品（Engineered wood products，EWP）。工程木产品易误读为用于木结构工程的木产品，实指人为加工的木产品，其英文名称更明确地反映了该类木产品的本意。工程木产品的种类在各国木结构设计规范中的名称基本一致，锯材产品的种类则存在较大差异。但对现代木结构而言，各国的木产品都符合工业化、标准化生产的发展趋势。《木结构设计规范》GB 50005—2003[1]、GB 50005—2017[2]采用的锯材产品主要有方木与原木（Sawn and round timber）、北美规格材（Dimension lumber）、北美方木（Timber）和欧洲锯材（Solid timber 或 Sawn timber）等；采用的工程木产品主要有层板胶合木、正交层板胶合木（Cross laminated timber，CLT）、结构复合木材以及木基结构板材（Wood-based structural panel）等。这些产品的主要特点将在 2.4 节中叙述。

2.2　影响结构木材强度的因素

结构木材是指用于制作木构件的木材。结构木材存在木节（Knot）、斜纹（Inclined grain）等各种影响强度的缺陷（Defect）。影响结构木材强度的还有含水率（Moisture content）、荷载持续作用效应、尺寸效应（Size effect）、荷载分布形式以及温度等因素。结构设计中需要考虑这些因素，合理确定木材的强度设计指标。

2.2.1 含水率

含水率在纤维饱和点（Fibre saturation point）以上，自由水分的增减并不影响木材的强度与弹性模量。低于纤维饱和点时，木材的强度与弹性模量随含水率的降低而提高。但含水率的变化对不同受力形式木材强度的影响程度有所不同，对抗压、抗弯强度的影响最大，抗剪次之，对抗拉强度影响最小。

通过试验确定木材的强度时，我国和欧洲规范习惯以12%的含水率为基准，北美规范习惯以15%的含水率为基准。当试验时木材的含水率与基准含水率不同时，应将木材强度调整至对应于基准含水率的强度。当木材含水率在8%～23%范围内时，大致可按下式调整[3]：

$$f_{12} = f_w [1 + \alpha(w - 12)] \qquad (2\text{-}1)$$

式中：f_{12}、f_w 分别含水率为12%和含水率为 w 时的木材强度（或弹性模量）；α 为调整系数，实际上就是含水率每变化1%，木材强度的变化率。对应不同受力形式，α 可参照有关文献取值。

人们最初是通过清材小试件试验认识含水率对木材强度的影响规律的。美国、加拿大将湿材（纤维饱和点以上）小试件试验获得的强度统一提高25%作为干材的强度。1970年代，美、欧各国开始通过足尺试验确定结构木材的强度，同时也开展了含水率对结构木材（足尺材）强度影响的研究。发现含水率对同一树种中的高等级（强度高）和低等级（强度低）的木材影响程度是不同的。含水率对低等级结构木材强度的影响甚微，几乎无规律可循；而对于高等级的结构木材则有明显影响，且基本上与对清材的影响规律一致。图2-2所示是 $2'' \times 6''$ 的花旗松规格材在不同含水率条件下的抗弯强度试验结果[2]。规格材的等级为 No.2 及以上级，含水率分别为25%、20%、15%、10%和7%。图中曲线表明，约在40分位值（即图中累计频率）以下或强度约为35N/mm²以下，已很难区分含水率对木材抗弯强度的影响；高于此处，方可看出木材的强度随含水率的降低而提高的趋势。结构木材的强度标准值是强度的 5 分位值，即保证率为 95％ 的强度值，由于图中不同含水率的结构木材的强度混在一起，有的学者因此得出结论，含水率对结构木材抗弯强度的 5 分位值无影响。对于木材受拉也得出类似结论。这是由于低等级结构木材的强度往往取决于其缺陷，而使含水率的影响退居其次；而高等级木材缺陷少，其强度更大程度上依赖于清材，而含水率对清材强度影响显著。

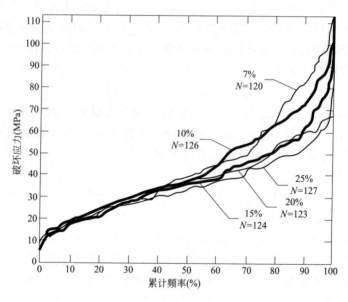

图 2-2　含水率对结构木材强度的影响

由于含水率影响结构木材的强度，各国木结构设计规范都基于一定的含水率规定木材和木产品的强度设计指标，并根据木结构使用环境的干湿情况予以调整。对木构件而言，环境湿度循环变化会使构件内部木材产生含水率不均匀改变，进而使木材产生不均匀的且相互约束的湿胀干缩变形。当干缩变形受到约束时木材中会产生循环的横纹拉应力，造成木材开裂，甚至影响木构件的承载力。

2.2.2 缺陷

每根结构木材上均有随机分布的缺陷。缺陷的严重程度、分布位置等不同，对木材各种强度的影响程度也不相同。

斜纹对木材的抗拉强度影响最大，抗弯次之，抗压最小。总之，作用力与木纹方向间的夹角大小是斜纹对强度影响程度的决定性因素。

木节也对木材的抗拉强度影响很大，原因一是木节与其周围的木质联系差，既削弱了截面，也可能造成偏心作用；二是木节周围的纤维通常会绕着木节转，形成涡纹，致使该处斜纹受拉；三是木节边缘存在应力集中现象，而木材顺纹受拉又无塑性变形能力，应力集中的程度不能缓解。木节对木材抗拉强度的影响程度尚与木节所在位置有关。试验表明，位于截面边缘的木节影响最大，例如边缘木节的宽度为截面宽度的 1/4 时，其抗拉承载力仅为同截面无木节构件的 30%～40%。这是木结构工程中受拉构件需严格控制木节的主要原因。

木节对木材抗压强度的影响最小，如边缘木节的宽度为截面宽度的 1/3 时，其承载力为无木节构件的 60%～70%。

木节对木材抗弯强度的影响更复杂些。一方面木节对原木和锯材（方木、板材）的影响程度不尽相同，对原木影响小些，而对锯材影响大些；另一方面木节在锯材上的位置不同，影响程度也不同，木节在受拉边缘影响大，在受压边缘影响小些。一般说，木节对抗弯强度的影响程度亦介于受拉和受压之间。据统计，对于锯材，当木节宽度为截面宽度的 1/3 时，其承载力为无木节构件的 45%～50%，对于原木约为 60%～80%。

受木节和斜纹等缺陷对木材顺纹抗拉、抗压强度的影响，清材小试件受弯试件与结构木材受弯试件的破坏形式可能不同。清材小试件受弯试件是受压区边缘纤维首先屈曲皱折而引起破坏，呈现一定的延性；而结构木材往往为受拉区边缘斜纹或木节处被拉断而破坏，受压区边缘木材未见皱折现象，并不呈延性破坏。但有的缺陷少高品质的结构木材受弯构件，由于缺陷对木材强度的影响小，破坏形式也可能与清材小试件受弯试件类似。

木材干燥过程中造成的木材干裂，若导致通长的贯通裂缝则不允许用作结构木材。干裂对顺纹受剪影响最大，受弯次之。这是因为干裂总是与木纹方向平行，与顺纹受剪的剪切面一致。

2.2.3 荷载持续作用效应

木材是一种黏弹性材料，因此荷载持续作用效应（Duration of load，DOL）对其变形和强度有很大影响，这也是长期以来人们所关注的一个问题。木材随着荷载持续作用时间的增加，强度会降低，变形会增大。荷载持续作用时间不论多长也不会引起破坏的应力称为木材的持久强度。换言之，只要应力超过持久强度，随着时间的推移，破坏最终总是要发生的。1741 年，法国海军工程师 Georges Louis Clerc Comte de Buffon 通过橡木梁的受弯试验发现了木材的荷载持续作用效应现象[4]。Buffon 所用木梁的截面尺寸为 180mm×180mm，跨度为 5.5m。最初的两根木梁在 4100kg 的荷载作用下，持荷 1 小时破坏；另两根梁在 2710kg 的荷载作用下，分别持荷 176 天、197 天破坏；最后的两根梁持荷 2050kg，经历两年没有破坏，但产生了很大的挠度。Buffon 因此得出了梁的长期承载力不应超过短期承载力的一半的结论。

继 Buffon 的发现之后的近 200 年中，对木材持久强度的研究并没有实质性突破。直到 20 世纪 30 年代初，苏联学者别列金（Ф. П. Белянкин）发表了关于木材持久强度的研究结果[5]。他通过一系列弯曲试验，得到了弯曲强度与持荷时间的关系曲线，发现曲线逐渐趋近于某一应力值，该应力值约为木材短期强度的一半，并由此提出了木材持久强度的概念（别列金极限）。20 世纪 40 年代，Lyman Wood 在位于美国威斯康星州 Madison 的林产品实验室（Forest Products Laboratory-F. P. L.）开展了关于

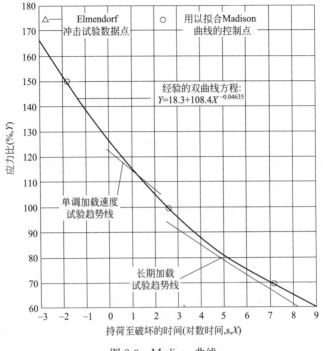

图 2-3　Madison 曲线

木材持久强度的系列研究。Wood 采用的是清材小试件受弯试验，并根据试验结果发表了著名的双曲线型 Madison 曲线[4]，如图 2-3 所示。图中所示是长期受弯木材破坏时应力水平 SL（Stress level），即破坏应力与短期强度的比值（百分比）与荷载持续作用时间的关系曲线，由下式表示[6]：

$$SL = 18.3 + 108.4 t^{-0.0464} \qquad (2-2)$$

式中荷载持续作用时间 t 以秒计。按式(2-2)可推得木材持荷 10 年后的强度为短期强度的 62%。Madison 曲线上有三个控制点[4,6]：一是 0.015s 的冲击荷载作用下破坏时的应力比取为 150%，系由 Elmendorf 的冲击荷载试验结果调整而来（由试验结果 175% 调整为 150%）；二是单调加载在 7.5min 破坏时的应

23

力比为 100%，系来自 Liska 的加载速度效果试验结果；三是持荷 3750h 破坏时的应力比为 69%，来自于 Wood 的长期试验结果。将该三点作为控制点按双曲线拟合，即得式(2-2)，对应的渐近线为 18.3。可见，Madison 曲线是 Elmendorf 的冲击荷载试验、Liska 的加载速度效果试验及 Wood 的长期持荷试验的综合结果。单就 Wood 长期持荷试验的结果而言，其最佳拟合式为[6]：

$$SL = 90.4 - 6.3\lg(t) \tag{2-3}$$

式中荷载持续作用时间 t 以小时计。按式(2-3)可推得木材持荷 10 年后的强度为短期值的 59%。1972 年 Pearson 继 Wood 的研究，提出用下式来表示荷载持续作用效应的影响[4]：

$$SL = 91.5 - 7\lg(t) \tag{2-4}$$

式中 t 以小时计，由此可推得持荷 10 年后的强度为短期强度的 58%。

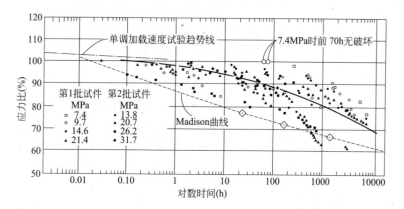

图 2-4　Madison 曲线与花旗松规格材足尺试件长期受弯试验结果的对比

注：第 1 批为 No.2 及以上级规格材（含部分 No.3 级），应力值 7.4～21.4MPa 分别为该批规格材的抗弯强度的 5、10、25 和 50 分位值乘以系数 0.71；第 2 批为 No.1 及以上级规格材，应力值 13.8～31.7MPa 也分别为该批规格材的抗弯强度 5、10、25 和 50 分位值乘以系数 0.71。

1970 年代，Madsen 教授采用足尺试件（规格材）开展了荷载持续作用效应对结构木材强度影响的研究[4]。1976 年 Madsen 和 Barrett 发表了花旗松结构木材（规格材，截面尺寸为 $2''\times6''$，即 38mm×140mm）的研究结果，与 Madison 曲线一同示于图 2-4 中。图中给出的是持荷 1 年的试验结果，表明持荷时间为 1 年以内时，结构木材的荷载持续作用效应并不比 Madison 曲线严重，一年后则有比 Madison 曲线严重的趋势。进一步研究认为持荷 10 年时结构木材强度大致在 0.4～0.6 倍的短期强度范围内。根据这些试验结果，Madsen 教授曾认为 Madison 曲线对木材荷载持续作用效应的估计过严，且结构木材的荷载持续作用效应与木材的短期强度或质量有关。Madsen 教授的观点在 1980 年代一度引发了欧美各国关于结构木材的荷载持续作用效应的大量研究。对该问题在下一章中还会进一步叙述。

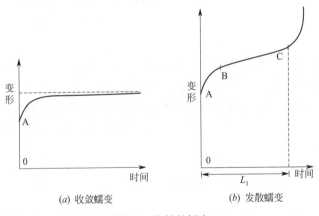

(a) 收敛蠕变　　　　　　(b) 发散蠕变

图 2-5　木材的蠕变

《木结构设计规范》GBJ 5—73[7] 及以前版本，认为不论何种受力方式，木材的长期强度（亦称持久强度）约为短期强度的 0.5～0.6 倍，但考虑到木构件一般受恒荷载（长期作用）和活荷载（较短暂作用）共同作用，将荷载持续效应系数取为 0.67。但当结构作用全部为恒荷载时，木材的强度尚需乘以 0.8 的折减系数；当主要承受诸如施工荷载等短暂作用时，木材的强度则乘以调整系数 1.2。自《木结构设计规范》GBJ 5—88[8]以来，荷载持续效应系数改取为 0.72，针对恒荷载和施工荷载作用情况下的调整方法，则保持不变。

在荷载持续作用下，木材的变形会逐渐增大，这种现象称为蠕变。如果木材中的应力小于木材的持久强度，则随时间的增加，变形增长速率会放缓并将趋于收敛（图 2-5a）；若应力超过持久强度，则开始时变形增长较快，后随时间近似地呈线性增长，后期变形又迅速增长，最终导致木材破坏（图 2-5b）。

可见，木材的荷载持续作用效应有两个方面的含义，一是木材的强度随荷载持续作用时间的增加而降低，另一含义是木材的应变或变形随荷载持续作用时间的增加而增加。弹性模量是木材的力学指标之一，用于计算构件或结构的变形，也用于计算受压或受弯构件的稳定问题。荷载持续作用效应是否对弹性模量有影响，目前存在两种不同的观点。一种观点是我国规范 GB 50005、欧洲木结构设计规范 EC 5[9]等认为荷载持续作用效应对木材的弹性模量和木材的强度影响相同[3]，另一种观点是美国木结构设计规范 NDSWC[10,11]和加拿大木结构设计规范 CSA O86[12]等认为荷载持续作用效应只影响木材的强度，对木材的弹性模量无影响[7]。分别按两种不同的观点去计算构件的稳定问题，将产生显著差异。

2.2.4 尺寸效应与荷载分布形式

木材存在亚微观的和宏观的缺陷。亚微观的缺陷是木材各部分组织间的裂隙，宏观缺陷有大小不等的木节、局部裂纹等。这样在每个构件中必有一个缺陷最是致命的，构件的破坏将从此处开始。韦伯（Weibull）等学者提出的最弱链理论（Weakest Link）就是这样[6]，一根铁链子的抗拉承载力取决于最弱的某一节链子的强度。可以理解，构件的木材体积越大，包含更致命缺陷的几率越大，于是按该理论，木材的强度就越低，这就是尺寸效应对木材强度影响的一个基本概念。

对于受拉的木构件，每个截面上的应力是相等的，利用两参数韦伯分布（位置参数 $x_0 = 0$）即可推得木材体积与破坏应力之间的关系为

$$\frac{\sigma_2}{\sigma_1} = \left[\frac{V_1}{V_2}\right]^k \tag{2-5}$$

式中：σ_1 为体积为 V_1 的木材破坏应力；σ_2 为体积为 V_2 的木材破坏应力；k 为韦伯分布的形状参数。式(2-5) 尚可转化为与木构件截面高度、宽度和长度的关系。

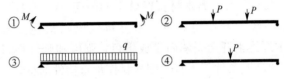

图 2-6　梁的四种不同荷载分布形式

构件上的荷载分布形式不同，导致构件各部位的应力水平不同，最高应力区域的木材体积愈大，抵抗外载作用的能力愈低，以此计算的木材强度随之也低，这就是荷载分布形式对木材强度的影响，而实质上仍是尺寸效应问题。例如，图 2-6 所示的同规格木梁在四种不同荷载分布情况下所测得的木材抗弯强度是不相同的，显然自梁①至梁④，试验所得的木材抗弯强度将逐渐增大，因为最高应力所在的木材区域逐渐变小。

规范 GB 50005 中的方木与原木，由清材小试件强度确定结构木材强度的尺寸效应的折减系数，对于受弯、顺纹受拉和受剪分别为 0.89、0.75 和 0.90，受压不考虑折减。这种处理方法仅是考虑了清材小试件与足尺构件间体积的差异，不再考虑足尺构件间体积的差异。当方木构件矩形截面的短边尺寸不小于150mm 时，规范 GB 50005 认为木纤维受锯切影响的程度低，规定其强度设计值可提高 10%，这是与尺寸效应规律相反的一种规定。北美的规格材，以截面高度 12″（285mm）为基准给出，截面尺寸小于基准尺寸的规格材的强度设计值，需乘以大于 1.0的尺寸调整系数。欧洲锯材则以截面高度 150mm 为基准，小于

基准尺寸的锯材的强度设计值，需乘以大于 1.0 的尺寸调整系数，大于基准尺寸的则不予调整。总之，各国木结构设计规范对锯材、胶合木和结构复合木材的强度设计值都根据体积效应，作出了不同的调整规定，不一一叙述。

2.2.5　温度

温度升高，木材的强度和弹性模量会降低。当温度自 25℃ 升至 50℃ 时，针叶树木材的抗拉强度下降 10%～15%，抗压强度下降 20%～24%。若木材长期处于 60～100℃ 的温度条件下，其水分和一些挥发物将蒸发，木材将变成暗褐色。温度超过 140℃，木纤维素开始裂解而变成黑色，强度和弹性模量将显著降低。因此高温条件下不宜选用木材作承重构件的材料。

上述各因素对木材强度的影响，在进行木结构设计时都需要考虑。各国规范皆基于某种标准条件规定木产品的强度设计指标，设计时需根据木结构的具体使用条件对强度设计指标进行调整。尽管不同国家规范的标准条件和调整方法不尽相同，但反映的都是上述各因素对木材强度的影响，这也是木结构设计的特点之一。

2.3　结构木材定级

2.3.1　测定木材强度的方法

1. 清材小试件试验方法

认识木材的基本力学性质是从清材小试件试验开始的，清材小试件试验方法是测定木材强度的传统方法，沿用至今。方木与原木等截面尺寸较大的结构木材的强度仍基于清材小试件试验方法确定。清材是指无任何缺陷的木材，将其制作成受弯、顺纹受拉、顺纹受压、受剪和横纹承压等小尺寸的标准试件，在规定的试验条件下（含水率、加载速度等）进行试验。早在 1927 年，美国试验与材料协会（ASTM）就规定了以清材小试件测定木材强度的方法。各国试验方法标准对清材小试件的具体的形式和尺寸以及试验条件的规定虽略有不同，但制作试件的材料都是无缺陷的清材。图 2-7 所示是《木材物理力学性能试验方法》[13]规定的各类清材小试件形式及尺寸，测定受拉、受弯弹性模量的试件形式与测定强度的试件相同，测定抗压弹性模量试件为 20mm×20mm×60mm 的棱柱体。试件制作时需采用干燥木材，制作后需将试件在恒温恒湿条件下养护至平衡含水率，一般约为 12％。

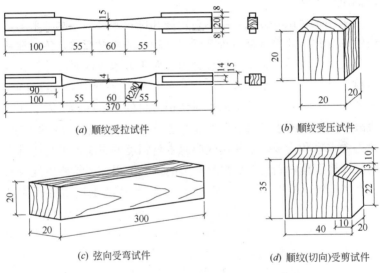

(a) 顺纹受拉试件

(b) 顺纹受压试件

(c) 弦向受弯试件

(d) 顺纹(切向)受剪试件

图 2-7　标准清材小试件的形式和尺寸

清材木材的强度代表木材的基本力学性能，并不代表结构木材的力学性能。但可考虑各种影响木材强度的因素，经一系列的折减和修正处理，将清材木材的强度"折算"为结构木材的强度。

2. 足尺试件试验方法

Madsen 教授认为，结构木材与清材木材之不同正如混凝土与水泥之不同，确定工程应用中木材的强度时，结构木材与清材木材应视为两种不同的材料[4]。他因而于 1970 年代提出在木材定级中采用足尺试件试验作为木材设计强度取值的原始依据，即试件直接来自结构木材，截面尺寸与实际构件一致。特别是对于规格材，直接用规格材作试件，截面尺寸不作改动，以获得某树种或树种组合、某一规格尺寸、某一强度等级的规格材的各种强度指标，并定名为结构木材定级试验[4]（In-Grade testing），以期试验结果尽可能地反映木材产品的最终使用条件。结构木材的定级试验方法很快被世界许多国家所接受，成为测定结构木材强度的重要方法。

采用足尺试验方法，给木材定级和确定木材的强度带来了革命性的变化。北美规格材等截面尺寸较小的木材产品，各国都基于足尺试验的结果确定强度设计值。对于方木等截面尺寸较大的木材产品，各国仍基于清材小试件的试验结果确定强度设计值。与此同时，足尺试验的结果也对认识木材的力学性能带来了新的挑战。例如，由于足尺试验结果包括了缺陷对木材强度的影响，使得含水率和荷载持续作用效应对木材强度的影响效果与清材不同，怎样解释和利用与足尺材有关的试验结果，还需要更深入的研究和理解。根据 Madsen 教授等 1970 年代的足尺试件研究结果，人们一度认为强度等级低（Low quality）的木材的荷载持续作用效应较强度等级高（High quality）的木材要低，且结构木材的荷载持续作用效应较 Madison 曲线的程度要轻。但其后欧美地区开展的更大量的试验研究，并未进一步证实这种结论，而是证明试验结果更接近于 Madison 曲线[6]。

2.3.2 结构木材定级

结构木材含有各种缺陷，但每根木材缺陷的严重程度是有差别的。为合理利用材料，需要将结构木材定级。目前结构木材的定级方法可分为目测定级和（Visual grading）机械定级（Machine grading）两种。

1. 目测定级

目测定级是根据每根木材上实际存在的肉眼可见的各类缺陷的严重程度将其分为不同的材质等级或质量等级。目测定级所考虑的木材天然缺陷主要包括木节、斜纹及年轮宽度（Annual ring width）等；所考虑的加工干燥缺陷主要包括钝棱（Wane）、劈裂（Split）以及扭曲和翘曲等；还需要考虑木腐菌引起的蓝变（Sap-stain）和腐朽等。目测定级方法是按木材的外观质量划分等级，也可称其为质量定级，所确定的木材等级可称为木材的材质等级或质量等级。例如我国的方木与原木，按外观质量由高到低划分为 Ⅰa、Ⅱa 和Ⅲa 三个等级；北美用于结构轻框架（Structural light framing）的规格材按外观质量由高到低划分为 Select Structural（SS）、No.1、No.2 和 No.3 四个等级。这些均可视为结构木材的材质等级。为满足结构设计需要，还需建立这种外观质量等级与结构木材强度的联系，或确定各质量等级结构木材的强度。建立这种联系的方法和过程，称为应力定级（Stress grading）或强度定级（Strength grading）。在目测定级的基础上对木材进行应力定级的方法，可称为目测应力定级（Visual stress grading）；经目测应力定级的结构木材可称为目测应力定级木材。应力定级后，木材原来的材质等级可视为强度等级。

结构木材的应力定级最初都是基于清材的强度，即考虑各材质等级的木材所含各类缺陷的影响，将清材的强度折算为所对应的目测等级的强度。部分欧美国家的做法是，根据最不利缺陷（一般为木节的大小和位置以及木纹的斜率）对木材强度的影响，确定某一等级的结构木材强度与清材木材强度的比值——强度比（Strength ratio），将清材强度乘以强度比即得到结构木材的强度。例如英国曾将结构木材划分为四个等级（目测等级或外观等级），每一等级的强度比分别为 0.40、0.50、0.65、0.75[14]。美国标准 ASTM D 245[15]规定根据缺陷限值计算某一等级结构木材（即北美方木）的强度比，但不仅是不同等级的结构木材取不同的强度比，对抗拉、抗压、抗弯、抗剪强度，强度比的值也不相同。

我国方木与原木按目测定级方法划分了三个材质等级（Ⅰ_a、Ⅱ_a和Ⅲ_a），但并未按材质等级区分强度。规范 GB 50005 中方木与原木的强度仅根据木材的树种确定，即按树种或树种组合划分强度等级。具体的做法是，将清材小试件的强度相近的树种木材划分为同一强度等级，根据同一强度等级中各树种木材的储量，取其清材强度加权平均值，然后统一乘以各种缺陷影响系数（详见第 3 章），得所在等级结构木材的强度。因此规范 GB 50005—2003 中方木与原木的强度等级与材质等级是没有直接联系的，Ⅰ_a、Ⅱ_a和Ⅲ_a级木材的强度设计指标相同。

对于截面尺寸较小、尺寸规格化、系列化的木产品，则多采用足尺试验的方法进行应力定级，典型的木产品是北美的规格材。Madsen 教授提出足尺试件试验方法后，加拿大于 1980 年代至 1990 年代前期开展了大量的规格材应力定级足尺试件试验研究，建立了规格材强度的分布规律并确定了各材质等级规格材的强度指标[16]。对于某树种的规格材而言，其材质等级 Select Structural（SS）、No. 1、No. 2 和 No. 3 等同时也就成为了其强度等级。

经目测定级的结构木材，中国方木与原木的强度指标只与树种有关；北美方木和规格材的强度指标既与树种有关，又与木材的材质等级有关。

2. 机械定级

虽然木材的外观质量与其强度存在相关关系，但并不能总是保证外观好的木材强度一定就高。这是目测应力定级的主要不足之处。机械定级是按某种非破损检测方法，测定结构木材的某一物理或力学指标，并按该指标的大小划分木材的等级。进而对木材进行机械应力定级，即通过足尺试件试验确定各等级应归属的强度等级。当然这两者间的关系必须是稳定的，才能作为一种机械定级的方法。

由于最初研究的是抗弯强度与弹性模量之间的相关关系，故最常用的方法是弯曲检测法。做法是使结构木材连续通过弯曲分等机，分等机按一定的时间间隔施加作用力使木材的一段长度平置受弯（支座间距为 0.5～1.2m）。分等机自动测定在给定的荷载作用下各段木材的挠度或达到给定的挠度所需施加的作用力，并通过计算机自动计算结构木材的"弹性模量"，作为定级的依据。由于每块木材都经过了非破损试验，所以机械应力定级木材力学性能指标的离散性小于目测应力定级木材，但实际的强度指标和弹性模量仍由产品抽样的足尺试件试验结果确定。

北美有三种机械定级木材：机械应力定级木材（Machine stress rated lumber，MSR）、机械评级木材（Machine evaluated lumber，MEL）和机械弹性模量定级木材（E-rated lumber）[16]。MSR 木材应力定级试验时需验证侧立抗弯弹性模量的平均值符合所在等级的规定，且弹性模量的标准值（5 分位值）不低于所在等级规定的平均值的 82%（弹性模量的变异系数约为 11%），抗弯强度的标准值符合所在等级的规定。MEL 木材与 MSR 木材的区别是，要求弹性模量的标准值（5 分位值）不低于所在等级规定的平均值的 75%（弹性模量的变异系数约为 15%），但比 MSR 木材增加了抗拉强度的标准值符合所在等级的规定的要求。E-rated 木材专用于胶合木层板，定级时不验证或规定强度指标，只验证所在等级的平置抗弯弹性模量，并要求弹性模量的标准值和平均值满足一定的关系（详见 ASTM D 6570[17]）。

2.4　结构用木材及木产品

2.4.1　锯材-天然木材

1. 方木与原木

方木（含板材）与原木（Sawn timber and round timber）是我国自 20 世纪 50 年代以来沿用至今的木产品。原木的本意是指伐倒的树干部分，在规范 GB 50005 中则指树干经砍去枝杈去除树皮的圆木。原木本不属锯材，但由于在规范中与方木并列，故这里与方木一起介绍。树干在生长过程中直径从根部至梢部逐渐变小，成平缓的圆锥体，有天然的斜率。选材时要求其斜率不超过 0.9%，即 1m 长度上直径改变不大于 9.0mm，否则将影响使用。原木径级以梢径计，一般梢径为 80～200mm，长度为 4～8m。

方木由梢径 200mm 以上的原木锯切而成，其中截面宽度超过厚度 3 倍以上的又称为板材。板材的厚度一般为 15～80mm，方木截面的边长一般为 60～240mm。针叶树木材长度可达 8m，阔叶树木材长度在 6m 左右。

由于规范 GB 50005 将方木与原木都划分为三个材质等级，但强度设计指标并未按其材质等级区分，故规定了不同材质等级木材的用途，如表 2-1 所示。这应该是我国方木与原木与其他国家同类产品的一个重要不同之处，以至于导致设计方法上也有所不同。

不同等级方木（板材）与原木的适用范围 表 2-1

项次	用　途	材质等级
1	受拉或拉弯构件	Ⅰa
2	受弯或受压构件	Ⅱa
3	受压构件及次要受弯构件（如果吊顶小龙骨）	Ⅲa

规范 GB 50005 将针叶树种的方木与原木划分为 TC17、TC15、TC13 和 TC11 四个强度等级，每一强度等级又含 A、B 两组树种组合，实际上相当于划分了八个强度等级，如表 2-2 所示。将阔叶树种的方木与原木划分为 TB20、TB17、TB15、TB13 和 TB11 五个强度等级，如表 2-3 所示。

针叶树种木材适用的强度等级 表 2-2

强度等级	组别	适用树种
TC17	A	柏木 长叶松 湿地松 粗皮落叶松
	B	东北落叶松 欧洲赤松 欧洲落叶松

强度等级	组别	适用树种
TC15	A	铁杉 油杉 太平洋海岸黄柏 花旗松-落叶松 西部铁杉 南方松
	B	鱼鳞云杉 西南云杉 南亚松
TC13	A	油松 新疆落叶松 云南松 马尾松 扭叶松 北美落叶松 海岸松
	B	红皮云杉 丽江云杉 樟子松 红松 西加云杉 俄罗斯红松 欧洲云杉 北美山地云杉 北美短叶松
TC11	A	西北云杉 新疆云杉 北美黄松 云杉-松-冷杉 铁-冷杉 东部铁杉 杉木
	B	冷杉 速生杉木 速生马尾松 新西兰辐射松

阔叶树种木材适用的强度等级　　　　表 2-3

强度等级	适用树种
TB20	青冈 栲木 门格里斯木 卡普木 沉水稍克隆 绿心木 紫心木 李叶豆 塔特布木
TB17	栎木 达荷玛木 萨佩莱木 苦油树 毛罗藤黄
TB15	锥栗(栲木) 桦木 黄梅兰蒂 梅萨瓦木 水曲柳 红劳罗木
TB13	深红梅兰蒂 浅红梅兰蒂 白梅兰蒂 巴西红厚壳木
TB11	大叶椴 小叶椴

从表 2-2 和表 2-3 可以看出，方木与原木的强度等级仅取决于木材的树种，有点类似于"唯成分论"的做法。强度等级代号中，TC 取 timber coniferous 的首字母，表示针叶材；TB 取 timber broadleaved 的首字母，表示阔叶材。后面的数字则代表木材的抗弯强度设计值。按强度设计指标区分和表示强度等级的做法在各国规范中并不多见，因为强度设计指标可能随设计理论与方法的发展而改变，同一种木产品在不同国家中的强度设计指标也是不同的，所以，木产品的强度等级以强度标准值区分更合适些。

2. 北美锯材——规格材和方木

规格材（Dimension lumber）是北美地区的一种锯材产品，主要用于轻型木结构，是加拿大向我国市场出口的重要木产品，也是最早纳入规范 GB 50005 的进口木产品。规格材是按规定的树种或树种组合和规定的尺寸系列生产加工，并已分等定级的结构用锯材。需要从尺寸系列、定级方法和强度等级三个方面了解规格材。规格材的截面有名义尺寸和实际尺寸之分（差 $0.5''$ 或 $0.75''$），名义尺寸习惯以英寸为单位，与实际截面尺寸的对应关系如表 2-4 所示，其中轻型木结构最常用的尺寸为 $2''\times4''\sim2''\times12''$。

规格材名义尺寸与实际尺寸的对应关系　　　表 2-4

名义(in)	$2''\times2''$	$2''\times3''$	$2''\times4''$	$2''\times5''$	$2''\times6''$	$2''\times8''$	$2''\times10''$	$2''\times12''$
实际(mm)	38×38	38×64	38×89	38×114	38×140	38×184	38×235	38×285
名义(in)	—	$3''\times3''$	$3''\times4''$	$3''\times5''$	$3''\times6''$	$3''\times8''$	$3''\times10''$	$3''\times12''$
实际(mm)	—	64×64	64×89	64×114	64×140	64×184	64×235	64×285
名义(in)	—	—	$4''\times4''$	$4''\times5''$	$4''\times6''$	$4''\times8''$	$4''\times10''$	$4''\times12''$
实际(mm)	—	—	89×89	89×114	89×140	89×184	89×235	89×285

规格材分为目测应力定级和机械应力定级规格材，工程中使用较多的是目测应力定级规格材。加拿大和美国采用相同的材质等级标准和分级规则。规范 CSA O86-01 将目测定级规格材分为用于结构轻框架（Structural light framing）、轻框架（Light framing）和墙骨（Studs）三大类。结构轻框架规格材含 Select Structural（SS）、No. 1、No. 2 和 No. 3 四个等级，轻框架规格材含 Construction、Standard、Utility 和 Economy 四个等级，墙骨规格材含 Stud 和 Economy 两个等级。美国规范 NDSWC-2005 则将规格材列为 Structural Select（SS）、No. 1、No. 2、No. 3、Stud、Construction、Standard 和 Utility 八个等级。修订规范 GB 50005—2003 时，引入了美国规范 NDSWC 除 Utility 级外的七个等级规格材，分别表示为 $I_c\sim\text{Ⅶ}_c$ 级规格材。规范 GB 50005—2017[15] 又将原有的 V_c、$Ⅵ_c$、$Ⅶ_c$ 分别改用 $Ⅳ_{c1}$、$Ⅱ_{c1}$、$Ⅲ_{c1}$ 表示。

规范 GB 50005—2017 纳入了北美的机械应力定级规格材。

机械定级规格材不区分树种，但分为机械应力定级规格材（MSR lumber）和机械评级规格材（MEL lumber）。在北美，机械应力定级规格材采用"F_b-E"编号方式表示，例如规范NDSWC-2005 中的 2850F_b-2.3E 表示该等级机械应力定级规格材的抗弯强度允许应力为 2850psi，弹性模量（平均值）为 1.3×10^6psi；机械评级规格材用 M-数字的编号方式表示，例如 M-16，但数字仅为某一强度等级的代号而已，并无特别的含义。

规格材主要用于轻型木结构，是工业化、标准化生产的产物。规格材表面已作锯切后刨光等加工处理，使用时不应对截面尺寸再行锯解加工，否则会影响其是否符合等级标准和强度的取值，但有时可作长度方向的切断或接长处理。

规范 GB 50005—2003 和 GB 50005—2017 引入了国产树种规格材，规定其截面宽度为 40mm、65mm 和 90mm 三种，高度为 40mm、65mm、90mm、115mm、140mm、185mm、235mm和 285mm 八种。产品的材质等级标准与北美完全相同，尺寸则在北美尺寸系列的基础上考虑公制单位的习惯取整。但截至目前，尚未见有木材厂家生产国产规格材。

在北美地区，截面名义尺寸达 $5''\times5''$ 及以上的锯材，称为方木（timbers），其最大名义尺寸可达 $24''\times24''$。方木的实际截面尺寸均比名义尺寸小 $0.5''$。方木按工程用途又区分为梁材（Beams & stringers）和柱材（Posts & timbers），其中梁材截面的高度至少大于宽度 $2''$，而柱材截面的高度则不超过宽度 $2''$。北美方木采用目测定级划分为三个材质等级，并根据清材小试件试验确定强度设计指标，划分为三个强度等级，即 SS、No.1 和No.2。规范 GB 50005—2017 引入了北美方木，梁材对应的强度等级分别表示为 Ⅰe、Ⅱe 和 Ⅲe，柱材分别为 Ⅰf、Ⅱf 和 Ⅲf。木材等级的表示方法中，角标 a 表示方木与原木；b 表示普通胶合木层板；c 表示目测分级规格材；d 表示目测分级和机械弹性模量分级胶合木层板[18]，北美方木的梁、柱材，就分别用角标 e、f 表示了。

3. 欧洲锯材

严格点讲，欧洲锯材应称为欧盟锯材。欧盟国家实行统一的木结构设计标准（可靠度或安全性水平可由各国自行规定）和产品标准，所以有欧洲锯材、欧洲木结构设计规范 EC 5 (Eurocode 5)[9]等名称，但俄罗斯等许多欧洲国家显然不在此列。欧洲锯材在当地又称为结构木材（Structural timber）或实木（Solid timber）。以针叶材为例，锯材截面尺寸的厚度通常有 22mm、25mm、38mm、47mm、63mm、75mm、100mm、150mm、250mm、300mm 等规格，宽度通常有 75mm、100mm、125mm、150mm、175mm、200mm、225mm、250mm、275mm、300mm 等规格。针叶锯材划分为 C14～C50 九个强度等级（C-coniferous），阔叶材锯材划分为 D30～D70 六个强度等级（D-deciduous），等级代号的数字代表锯材抗弯强度的标准值[19]。欧洲锯材强度等级不按树种划分，不按目测分级或机械分级划分，也不按产品的用途划分，因此显得简捷些。

规范 GB 50005—2003 中的欧洲地区目测分级进口规格材，现实中并不存在。因为规格材是北美地区特有的一种锯材产品，欧洲并没有这种产品。欧洲锯材既不能用规格材也不能用目测分级去表述，所以规范 GB 50005—2017 中改称为欧洲地区结构木材，但只采纳了其针叶锯材。

2.4.2 工程木

锯材的截面尺寸往往受限于树干的直径，且不能用以制作弧形构件，木节、斜纹等天然缺陷会严重影响锯材的强度，这使木结构构件的形式和承载能力受到很大限制。树木是珍贵的自然资源，提高其利用率有利于节约资源。工程木为解决这些问题提供了有效途径。用于木结构的工程木产品主要有层板胶合木、结构复合木材和木基结构板材等几大类。

1. 层板胶合木

层板胶合木是木结构中应用最广泛的一种工程木产品，简称胶合木。胶合木是将某些树种或树种组合的木材加工成一定规格尺寸的板材，称为胶合木层板（Lamination）。层板厚度通常在 45mm 以下，经干燥、刨光等加工，按规定的截面组坯方式顺纹层叠，施胶加压制作成胶合木。与方木相比，胶合木的主要优点在于强度和刚度得到改进，可以通过控制层板的质量控制胶合木的强度和刚度；构件的尺寸和形状鲜受限制，且构件的尺寸和形状的稳定性好。

通过胶合或钉合技术将较小尺寸的木构件拼合起来用于工程结构的实践，远可追溯至古代。例如建于 1103 年的宁波保国寺，其大殿中的部分木柱，是所发现的最早的拼合木构件实物[20]。1906 年德国人 Otto 获得了世界上第 1 项胶合木结构技术专利[6]，开始了现代意义的胶合木工程应用，至今已历经百余年历史。建于早期且至今仍在使用的工程实例有建于 1922 年的瑞典马尔默火车站和建于 1925 年的斯德哥尔摩火车站[6]。我国于 1958 年分别在哈尔滨工业大学木工厂和哈尔滨香坊木工厂试制胶合木，并用于工程实践。当时研制胶合木的目的，主要是为扩大树种利用。规范 GBJ 5—88 始纳入胶合木，但将胶合木与相同树种的方木等同使用，这是我国早期胶合木的特点，且作为胶合木中的一种延续使用至今。

（1）普通层板胶合木

普通层板胶合木专指我国始自 1950 年代的胶合木，术语名称最早见于《胶合木结构技术规范》GB/T 50708—2012[18]，以区别于采用目测定级层板和机械定级层板的胶合木。制作该类胶合木的层板称为普通胶合木层板。类似于方木与原木，采用目测定级的方法将层板划分为Ⅰb、Ⅱb 和Ⅲb 三个材质等级。Ⅰb 级层板主要用于受拉构件，Ⅲb 级层板主要用于受压构件，对于截面高度较大的受弯构件，则按应力的分布情况，在对应部位分别采用Ⅰb 级（最外侧）、Ⅱb 级和Ⅲb 级（中部）层板。普通层板胶合木的强度设计指标等同于同树种的方木与原木，这是其特点之一。

"普通"一词大概源自规范 GB 50005—2003 中一度使用的普通木结构。引进北美的轻型木结构时，将既有的木结构体系（木屋盖）定义为普通木结构，以示区分。规范 GB/T 50708—2012 将我国既有的强度设计指标等同于方木与原木的胶合木也就定义为普通层板胶合木。普通木结构的词义太过模糊，易引起误解，故《木结构工程施工质量验收规范》GB 50206—2012[21] 改用方木与原木结构表达始自 1950 年代的木结构体系。规范 GB 50005—2017 也就停用普通木结构这一术语了，但普通层板胶合木还是延续使用下来了。

（2）目测定级层板胶合木和机械定级层板胶合木

这类胶合木由产品标准《结构用集成材》GB/T 26899—2011[22] 所规定，继而纳入规范 GB/T 50708—2012。所用层板的材质等级规定及组坯方式都参考了日本的相关标准。"集成材"是原样的日语名称，翻译成汉语就是胶合木。制作这类胶合木所用的层板有目测定级层板和机械定级层板，因此产生相应名称的胶合木。机械定级层板主要是指机械弹性模量定级层板（E-rated lamination）。

目测定级层板胶合木和机械定级层板胶合木按不同的组坯方式，又区分为同等组合层板胶合木、对称异等组合层板胶合木和非对称异等组合层板胶合木。用同一材质等级的目测定级层板或机械定级层板制作的胶合木称为同等组合胶合木。这类胶合木适用于轴心受力构件或层板侧立的受弯构件，如不考虑经济性，当然亦可用于一般受弯构件。规范 GB/T 50708—2012 将同等组合胶合木划分为 TC_T30、TC_T27、TC_T24、TC_T21 和 TC_T18 五个强度等级，其中的数字代表抗弯强度设计值。在规范 GB 50005—2017 中，由于根据可靠度要求对胶合木的强度设计指标重新作了规定，胶合木的强度等级改用其抗弯强度标准值（特征值）表示，上述等级分别改为 TC_T40、TC_T36、TC_T32、TC_T28 和 TC_T24。同类胶合木在欧洲标准 EN 1194[21] 中划分为 GL24h、GL28h、GL32h、GL36h 四个强度等级，其中的数字也代表胶合木的抗弯强度标准值，字母 h 是英文 homogeneous 的首字母，表示同等组坯之意。

对于层板宽面承载的受弯构件，为合理用材，胶合木截面上、中、下部位的层板可采用不同材质等级的目测定级或机械定级的层板，材质等级配置对称于中性轴的称为对称异等组合胶合木，抵抗正负弯矩的能力相同，不对称的称为非对称异等组合胶合木，抵抗正负弯矩的能力不同。规范 GB/T 50708—2012 将对称异等组合胶合木划分为 $TC_{YD}30$、$TC_{YD}27$、$TC_{YD}24$、$TC_{YD}21$ 和 $TC_{YD}18$ 五个强度等级，将非对称异等组合胶合木也划分为 $TC_{YF}28$、$TC_{YF}25$、$TC_{YF}23$、$TC_{YF}20$ 和 $TC_{YF}15$ 五个强度等级，等级代号中的数字代表抗弯强度的设计值。规范 GB 50005—2017 中这类胶合木对应的强度等级则改为 $TC_{YD}40$、$TC_{YD}36$、$TC_{YD}32$、$TC_{YD}28$ 和 $TC_{YD}24$ 以及 $TC_{YF}38$、$TC_{YF}34$、$TC_{YF}31$、$TC_{YF}27$ 和 $TC_{YF}23$，其中的数字代表抗弯强度标准值。同类胶合木在欧洲标准 EN 1194[23] 中划分为 GL24c、GL28c、GL32c、GL36c 四个强度等级，其中字母 c 取 combined 的首字母，表示异等组坯之意。

（3）正交层板胶合木（简称正交胶合木）

正交层板胶合木（Cross laminated timber，CLT）是将相邻层的层板互相垂直叠放，层数通常为 3～11 间的奇数，最外层的层板平行于主要受力方向，经施胶加压而成的厚重板材。产品的单片尺寸可以达到 16m 长、3.2m 宽、0.5m 厚。由于相邻层层板正交布置，作为一种板材，正交胶合木沿两个方向都具有良好的强度和刚度。正交胶合木的设想始于 20 世纪七、八十年代的德国、奥地利，90 年代末技术渐趋成熟[24]。21 世纪初始的 10 年内，奥地利、德国等开展了大量的关于正交胶合木的研究。2010 年以来，产品标准化的程度和工程应用在欧洲获得很大发展，已建成了一些多高层木结构建筑。2014 年，世界 CLT 的产量达到了 62.5 万 m^3，研发、生产和应用遍及欧洲、北美、新西兰、日本和中国。

总之，层板胶合木所用层板的材质等级、组坯方式和生产制作工艺严格符合产品标准的要求，才能达到所规定的强度性能指标，是需要经专业人员设计，并由专门工厂生产的。结构工程师最需要了解的是层板胶合木的力学性能，并在设计中正确运用。正如钢材虽有 Q235、Q345 等之分，但结构工程师并非必须去完全了解其冶炼生产工艺，而是重在掌握其力学性能特点。

2. 结构复合木材

结构复合木材（Structural composite lumber，SCL）是将天然木材切削成更薄的木板或更小的木片，按一定要求施胶加压粘结起来，形成大张板材，再锯解成所需截面尺寸类似于锯材的木料，是有别于层板胶合木的另一大类胶合木。主要包括旋切板胶合木（Laminated veneer lumber，LVL）、层叠木片胶合木（Laminated strand lumber，LSL）、定向木片胶合木（Oriented strand lumber，OSL）和平行木片胶合木（Parallel strand lumber，PSL）等。

旋切板胶合木 LVL 是将圆木旋切成厚度 2.5～4.5mm 的单板，多层平行叠铺，施胶加温加压而成。北美生产的 LVL 所用树种或树种组合木材为花旗松、落叶松、黄柏、西部铁杉和云杉，北欧主要为挪威云杉。制作时将旋切单板切割成一定宽度和长度的单板，并干燥至规定的含水率，切去单板条上的缺陷，定级分等，将高质量的板条铺放在外表层，各层单板条木纹平行于成品板长度方向。单板层间施胶，铺叠成毛坯送入滚压机并加热，经养护胶层固化后修边切割即为成品。成品板材厚度 19～90mm，宽度 63～1200mm，长度可达 20m，含水率约为 10%。使用时可在成品板材的宽度和长度方向进行切割，但不应在厚度方向再作加工。作受弯构件时，一般均采用单板呈侧立受弯状态，如图 2-8 所示。

旋切板胶合木研制始于 1940 年代的"二战"期间，最初用于制造飞机的螺旋桨，1970 年代中期始用于建筑工程[6,25]。其优点是将木材的缺陷分层匀开，使强度可接近于清材，且变异性

图 2-8 旋切片胶合木 图 2-9 平行木片胶合木

小。另一优点是出材率高，约较锯材提高 20%。缺点是加工量大，用胶量大。曾一度译称为密层胶合木（Micro-lam）或平行木纹胶合板（Parallel laminated veneer)[25]，这种名称似乎更贴切一些。

平行木片胶合木 PSL 是将旋切成的单板劈成木条施胶加温加压而成。北美生产的 PSL 所用树种或树种组合同 LVL。旋切片单板厚度为 3.2mm，尺寸约为 1220mm×2440mm（宽×长）。经干燥达到规定含水率后劈成宽度约为 19mm 的木片条，并筛选、剔除质量差或长度不足 300mm 的木片后，均匀施胶叠铺并使木片长度方向与成品板材长度方向一致，使相邻各木片条的接头彼此错开，形成松软的毛坯后连续地送入滚压机，在密封状态下用微波加热，使胶固化，制成截面 280mm×482mm，长度约 20m 的成品材，如图 2-9 所示。利用成品材时，长度和宽度方向可切割。PSL 的力学性能可优于同树种制造的 LVL，这是因为在制造过程中剔除了质量差的木片条且木片条有足够的长度。

图 2-10 层叠木片胶合木 图 2-11 预制工字形搁栅

层叠木片胶合木 LSL 是将削成的薄木片均匀施胶，定向铺装加温加压而成。LSL 采用速生树种如阔叶树白杨（Aspen）为原料，白杨经热水槽浸泡后剥皮，切削成厚 0.9～1.3mm、宽 13～25mm、长度约 300mm 的木片，经筛选去除碎片后干燥至含水率约 3%～7%，搅拌施胶，铺成厚垫并调整木片长度方向，使平行于厚垫的长度方向，经加温加压而制成成品。成品材厚度 140mm，宽度约 1.2m，长度约 14.6m，含水率为 6%～8%。使用时可在宽度与长度方向作切割，如图 2-10 所示。

定向木片胶合木 OSL 是定向木片板（OSB）制造技术的延伸产品，即仅是板的厚度增加，所用树种通常为白杨、黄杨或南方松，生产工艺类似于 LSL。成品板材平面尺寸可达 3.6m×7.4m。OSL 具有较高的抗剪强度，其抗弯强度也高于同树种锯材。

结构复合木材可用于制作木结构的各种承重构件，如梁、柱等。预制工字形搁栅的上、下翼缘亦可采用结构复合木材，如图 2-11 所示。

3. 木基结构板材

木基结构板材（Wood-based structural panel）主要有两种，即结构胶合板（Structural plywood）和定向木片板（Oriented strand board，OSB），主要用作轻型木结构中的墙面、楼面和屋面的覆面板，是结构抗侧力体系中的主要构件和重要受弯构件，兼起围护作用。结构胶合板和定向木片板尽管在生产工艺和物理性能方面有较大差异，但对它们的结构性能要求是相同的，以保证木结构建筑的安全性和耐久性。

结构胶合板由数层旋切或刨切的单板按一定规则铺放经胶合而成。单板的厚度一般不小于 1.5mm，也不大于 5.5mm。胶合板中心层两侧对称位置上的单板的木纹方向和厚度相同，且由物理性能相近的树种木材制成，相邻单板的木纹相互垂直，表层板的木纹方向应与成品板材的长度方向平行。结构胶合板的总厚度为 5～30mm，板面尺寸一般为 2440mm×1220mm。

定向木片板 OSB 由切削成长度约为 100mm、厚度约为 0.8mm、宽度约为 35mm 以下的木片，施胶加压而成。表层木片的长度方向多与成品板材的长度方向一致。成品板材的厚度为 9.5～28.5mm，板面尺寸亦为 2440mm×1220mm。在物理力学性能上与结构胶合板相比，湿胀较大，抗压强度偏低，轴向劲度（EA）较小。

木基结构板材应满足下列要求，才允许在轻型木结构中使用。对于铺设在墙面上的木基结构板材，在干态条件下做均布荷载受弯试验，其极限荷载不得小于规定跨度下的允许值；对于铺设在楼面上的楼面板，需做干态、湿态及湿态重新干燥后的均布荷载试验和集中荷载与冲击荷载作用后的集中力荷载试验，在规定跨度下其极限荷载不得小于规定值和规定荷载下的变形不超过规定的限值；用作屋盖结构上的屋面板，需做干态条件的均布荷载试验，要求极限荷载不小于规定值和规定荷载下的挠度不超过规定值，屋面板尚需做干态和湿态条件的集中力和经冲击荷载作用后的集中力试验，也要求规定跨度下的极限荷载下不小于规定值和规定集中力作用下变形不大于规定值。所谓干态是指板在温度为 20℃，空气相对湿度为 65% 的环境下养护两周以上的状态；湿态是指板被淋水后，保持 3 天潮湿但又不被水浸泡的状态。湿态重新干燥是指保持 3 天潮湿后又经 2 周以上干态环境的状态。之所以如此要求，主要是为保证木基结构板材的性能能满足作承重构件的质量要求和耐久性要求。

2.5　木材与木产品强度的分位值及标准值

对于木材与木产品物理力学性能的试验结果，需要将其视为随机变量，并用数理统计的方法表达出来。表达的内容包括试验数据的分布函数、数据的分位值（Percentile 或 Fractile）、离散性或变异性以及数据的准确程度等，以便供结构设计使用。统计结果是木材与木产品物理力学性能的客观反映，采用相同的分布函数统计的结果都是相同的。通过数理统计确定木材物理力学指标分位值的方法也称对某分位值的估计,或点估计(Point estimate),有参数估计法(Parametric estimate)和非参数估计法(Non-parametric estimate)。参数法需要假定样本服从某种分布函数,但如果这种假定不正确,估计的结果将不准确。非参数法不需要假定分布函数,估计的结果比参数法也会更保守一些。参数法常用的分布函数有正态分布、对数正态分布和韦伯分布等。本节结合木材与木产品强度的分位值,将常用的数学工具和统计方法作一简介。

2.5.1 正态分布

如果随机变量 x 服从正态分布(Normal distribution),则其概率密度函数(Probability density function)为

$$f(x) = \frac{1}{\sqrt{2\pi}\sigma} e^{-\frac{(x-\mu)^2}{2\sigma^2}} \tag{2-6}$$

式中:μ、σ 分别为随机变量的平均值(Mean)和标准差(Standard deviation),亦即随机变量的统计参数。记 $\nu = \sigma/\mu$,ν 称为随机变量的变异系数(Coefficient of variation)。随机变量的概率分布函数(Cumulative probability distribution function)为

$$F(x) = \frac{1}{\sqrt{2\pi}\sigma} \int_{-\infty}^{x} e^{-\frac{(x-\mu)^2}{2\sigma^2}} dx \tag{2-7}$$

$p\text{th} \times 100\%$ 分位值是对全体样本的一种估计值,表示仅有 $100p\%$ 的样本总数(Population)的值低于该估计值。例于表示木材强度最常用的有 5 分位值(5th percentile,$p=0.05$),表示低于该估计值的样本数量占样本总数的 5%。5 分位值对木材强度而言具有特别重要的意义,因为该值用以表征结构木材最基本的力学指标。木材强度的 5 分位值在国际上一般称为强度的特征值(Characteristic value),在我国的结构设计规范中称为标准值,对木材强度而言,是确定其强度设计值的基础。

木材与木产品的强度标准值与设计值的根本不同在于,强度

标准值是其力学性能的客观反映，对于同一材质等级的结构木材，按相同的试验方法和统计方法在不同国家所获得的强度标准值是相同的。而强度设计值是根据具体国家规定的安全水平和设计方法，人为作出的一种规定值，同一材质等级的结构木材，在不同国家的木结构设计规范中是不同的。

服从正态分布的随机变量的 p th$\times 100\%$ 分位值可表示为

$$x_p = \mu - k\sigma \tag{2-8}$$

与常用分位值对应的 k 值见表 2-5。

常用分位值与 k 值的对应关系　　　　表 2-5

p 值	0.001	0.005	0.010	0.025	0.05	0.100	0.250
k 值	3.090	2.576	2.326	1.960	1.645	1.282	0.674

表 2-5 中常用分位值与 k 值的对应关系在样本数为无穷大时才成立，分位值才是服从正态分布的随机变量的准确估计。实际工程中，试验的样本数量都是有限的，需要在一定的置信水平下，对分位值所在的范围作出估计。

2.5.2　对数正态分布

如果随机变量 x 的自然对数 $\ln x$ 服从正态分布，则称 x 服从对数正态分布（Lognormal distribution）。对数正态分布的概率密度函数和概率分布函数可分别由式(2-6)、式(2-7)以 $\ln x$ 代替 x 得到。工程应用中有时采用服从对数正态分布的随机变量 x 的统计参数 μ_x、σ_x 更为方便，则下列换算关系成立。

$$\mu_x = e^{\left(\mu_{\ln x} + \frac{1}{2}\sigma_{\ln x}^2\right)} \tag{2-9a}$$

$$\sigma_x^2 = \mu_x^2 \left(e^{\sigma_{\ln x}^2} - 1\right) \tag{2-9b}$$

$$v_x^2 = e^{\sigma_{\ln x}^2} - 1 \tag{2-9c}$$

$$\sigma_{\ln x}^2 = \ln(1 + v_x^2) \tag{2-9d}$$

$$x_p = e^{\left(\mu_{\ln x} - k\sigma_{\ln x}\right)} \tag{2-9e}$$

式中：μ_x、σ_x、v_x、x_p 分别为对数正态分布随机变量的当量正态分布的平均值、标准差、变异系数和分位值；$\mu_{\ln x}$、$\sigma_{\ln x}$ 分别为对数正态分布随机变量的平均值和标准差。

对数正态分布的随机变量 x 的值不能为负，适用于表征同样不能为负的材料的强度。我国各类结构的可靠度分析中，习惯将构件的抗力和荷载效应都假定为服从对数正态分布。

2.5.3 韦伯分布

1. 三参数韦伯分布

三参数韦伯分布（3-p Weibull）的概率密度函数为

$$f(x) = \frac{k}{m}\left(\frac{x-x_0}{m}\right)^{k-1} e^{-\left(\frac{x-x_0}{m}\right)^k} \qquad (2\text{-}10)$$

式中：x_0 为位置参数（Location parameter），在点 x_0 以下材料不失效；m 为比例参数（Scale parameter）；k 为形状参数（Shape parameter）或称为韦伯模量。对木材而言，$k = 3.0 \sim 6.0$，且大小与强度的变异系数相关。

韦伯分布的优点之一是可以获得概率分布函数的积分显式，即

$$F(x) = \int_{x_0}^{x} f(x)\, \mathrm{d}x = 1 - e^{-\left(\frac{x-x_0}{m}\right)^k} \qquad (2\text{-}11)$$

2. 二参数韦伯分布

如果位置参数 $x_0 = 0$，三参数韦伯分布简化为二参数韦伯分布（2-p Weibull），概率密度函数和概率分布函数分别为

$$f(x) = \frac{k}{m}\left(\frac{x}{m}\right)^{k-1} e^{-\left(\frac{x}{m}\right)^k} \qquad (2\text{-}12)$$

$$F(x) = 1 - e^{-\left(\frac{x}{m}\right)^k} \qquad (2\text{-}13)$$

对于二参数韦伯分布，木材的强度变异系数可近似取为

$$V_w = k^{-0.9217} \qquad (2\text{-}14)$$

二参数或三参数韦伯分布随机变量的分位值为

$$x_p = x_0 + m\left[-\ln(1-p)\right]^{\frac{1}{k}} \qquad (2\text{-}15)$$

2.5.4 非参数分布

非参数法不考虑木材强度分布函数的形式，根据实测结果的排列次序确定分位值。$p \times 100th$ 分位值的非参数估计（Nonparametric estimate，NPE）的步骤为，将测得的木材强度值由低向高依次排列为

$$x_1 < x_2 < x_3 < \cdots < x_{j-1} < x_j < x_{j+1} < \cdots < x_n \qquad (2\text{-}16)$$

则第 i 个试件的强度即为 $p \times 100th$ 分位值。

$$i = p(n+1) \qquad (2\text{-}17)$$

式中：n 为试验样本的数量。如果 i 不为整数，则由其相邻两个强度值 $x_{j-1} < x_i < x_j$ 经线性内插确定分位值，即

$$x_p = x_{j-1} + (x_j - x_{j-1})[p(n+1) - (j-1)] \qquad (2\text{-}18)$$

2.5.5 区间估计与置信度

如果所选择的强度分布函数与木材的力学性能分布相符，且试验样本的数量大得足以精确反映木材总样本的分布，则可认为前述分位值的估计是准确的。实际上，这是不可能做到的，因为试验的样本数总是有限的。这就需要通过在一定的置信水平下对木材强度的分位值和平均值进行区间估计解决工程应用问题。

1. 置信区间

点估计是对总样本某分位值所作的估计。但基于有限的试验样本数所作的估计不大可能等于总样本的真值，不同批次的试验会得到不同的值。但可在一定置信水平下，根据试验结果对某分位值所在的范围作出估计，即区间估计（Interval estimate），所估计的分位值的范围也称为置信区间（Confidence interval）。

2. 容差极限

容差极限（Tolerance limits）是具有一定保证率（Content）的一种区间估计。容差极限就是区间估计（取值范围）的上、下边界；保证率是指总样本包含在所估计的区间内的比例或百分比。单边容差极限（One-sided tolerance limit）对木材强度而言

具有重要意义，因为决定工程应用的是强度某分位值的下限（Lower tolerance limt，LTL）。例如具有 95% 保证率的容差下限是指总样本 95% 的值都大于该极限值，或指总样本 5% 的值小于该极限值。$p \times 100$th 分位值是指该分位值具有 $(1-p) \times 100\%$ 的保证率。例如，木材强度的 5 分位值，即木材强度的标准值，具有 95% 的保证率。

3. 置信水平

容差极限归根到底还是一个随机变量，不同的试验批次（样本）会得到不同的值。根据试验结果所得出的这些估计的极限值的可信度有多大？可以用置信水平或置信度（Confidence level）来衡量。置信水平通常以错判概率 α 表示为 $(1-\alpha) \times 100\%$。这样，在 $(1-\alpha) \times 100\%$ 的置信水平下，具有 $(1-p) \times 100\%$ 的保证率的木材强度分位值的容差下限的含义是，占总数的 $(1-p) \times 100\%$ 的样本的强度分位值大于该下限值，此事件成立的概率为 $(1-\alpha) \times 100\%$（或取样试验总次数的 $(1-\alpha) \times 100\%$ 都得到大于该下限值的强度分位值）。例如，对木材强度 5 分位值的点估计值，高于或低于总样本的 5 分位值的概率将各占 50%。但如果采用具有 95% 保证率置信水平为 75% 的区间估计的下限值来估计总样本的 5 分位值，经试验统计获得的 5 分位值低于该下限值的概率将为 25%。因此该区间估计的下限值（LTL）是对样本总量 5 分位值保守一些的估计。以正态分布为例，表 2-6 给出了在 75% 置信水平下按式(2-8)计算 5 分位值时 k 值与部分试验样本数的关系。

75% 置信水平下 5 分位值的样本数 n 与 k 值的关系 表 2-6

n	3	4	5	...	60	70	80	90
k	3.152	2.681	2.464	...	1.795	1.783	1.773	1.765
n	100	120	140	160	180	200	...	∞
k	1.758	1.747	1.739	1.733	1.727	1.723	...	1.645

结构木材试验时与置信水平和置信区间相联系的取样方法、取样数量以及力学指标平均值和各分位值的计算方法等更详细的

有关内容，可参见标准 ASTM D 2915[26]。

2.6 小结

本章介绍了清材木材与结构木材的物理力学性能及影响因素、结构木材定级、木材与木产品的种类及主要特点、木材与木产品强度的试验方法及确定方法（统计计算）等。这些是木结构中最基本的东西，也是木结构设计与研究的基础，其中还有不少仍然难以给出确切答案的问题。

荷载持续作用效应就是问题之一。对这个问题的普遍解释是木材的强度随荷载作用时间的增加而降低的现象。Madison 曲线也只是对试验结果的一种回归表达。尽管欧美等国家的部分学者采用了损伤累积模型来表示荷载持续作用效应，但损伤累积模型仍然仅仅是对试验结果的回归表达。在荷载持续作用下木材内部发生了什么？荷载持续作用效应的本质是什么？需要具有物理或力学意义的解释。

荷载持续作用效应对木材的弹性模量究竟有无影响？如果有影响，是否与对木材强度的影响相同？目前存在两种观点相反的答案。一种观点是认为荷载持续作用效应对木材的强度和弹性模量具有相同的影响。1950 年代曾在华任教的木结构专家 M. E. 卡冈教授等在推导受压木构件的稳定系数时指出：在荷载持久作用下，试验证明，不但木材的极限强度要降低，而且木材的弹性模量也要降低。关于这种降低的程度，在尚没有足够的数据作为可靠的定论的情况下，可近似地按极限强度减小的比例来减小。另一种观点则反之，认为荷载持续作用效应只影响木材的强度，不影响木材的弹性模量。持这种观点和认识的主要有美国规范 NDSWC 和加拿大规范 CSA O86。在美国规范 NDSWC 的条文说明中清楚地指出：荷载持续作用效应系数适用于除弹性模量和横纹承压强度以外的所有其他基准强度设计值。

荷载持续作用效应与木节等木材的天然缺陷存在怎样的关

系？也就是荷载持续作用效应对清材和结构木材的影响是否相同？这个问题也存在两种观点相反的答案。可见，仅是荷载持续作用效应就有如此多的问题待解，木结构设计理论与方法确实有很长的路去发展完善。

木材与木产品主要分为天然木材和工程木两大类，但不同国家和地区规范中采用的木材与木产品的分级方法和产品名称则可有所不同，以致设计计算方法也可能不同。我国规范在原有的方木与原木、普通层板胶合木的基础上，扩大采用了北美锯材、欧洲锯材以及目测分级和机械分级层板胶合木，使木结构设计与科学研究面临一系列的任务与挑战。这些任务与挑战既有木结构中普遍性的问题，也有我国木结构设计理论与方法的独有问题。

参考文献

[1] GB 50005—2003 木结构设计规范 [S]. 2005 版. 北京：中国建筑工业出版社，2006.

[2] GB 50005—2017 木结构设计规范（报批稿）[S]. 成都：木结构设计规范编制组，2016.

[3] 《木结构设计手册》编辑委员会. 木结构设计手册 [M]. 第 3 版. 北京：中国建筑工业出版社，2005.

[4] Madsen，B. 1992. Structural behaviour of timber. Timber Engineering Ltd.，575 Alpine Court，North Vancouver，BC.

[5] Г. Г. КАРЛСЕН，В. В. БОЛЬШАКОВ，М. Е. КАГАН，Г. В. СВЕН-ЦИЦКИЙ. ДЕРЕВЯННЫЕ КОНСТРУКЦИИ [М]. Москва：ГОСУДАРСТВЕННОЕ ИЗДАТЕЛЬСТВО ЛИТЕРАТУРЫ ПО СТРОИТЕЛЬСТВУ И АРХИТЕКТУРЕ，1952.

[6] Sven Thelandersson and Hans J. Larsen. Timber Engineering. John Wiley & Sons, Ltd, The Atrium, Southern Gate, Chichester, West Sussex, England, 2003.

[7] GBJ 5—73 木结构设计规范 [S]. 北京：中国建筑工业出版社，1973.

[8] GBJ 5—88 木结构设计规范 [S]. 北京：中国建筑工业出版社，1989.

［9］ EN 1995-1-1：2004 Eurocode 5：Design of timber structures ［S］.European Committee for Standardization，Brussels，2004.

［10］ NDSWC-2005：National design specification for wood construction ASD/LRFD ［S］.Washington，DC：American Forest & Paper Association，American Wood Council，2005.

［11］ NDSWC Commentary-2005：National design specification for wood construction commentary ［S］.Washington，DC：American Forest & Paper Association，American Wood Council，2005.

［12］ CSA O86-01 Engineering Design in Wood ［S］.Canadian Standards Association，Toronto，2005.

［13］ GB/T 1927—2009～1943—2009 木材物理力学性能试验方法 ［S］.北京：中国标准出版社，2009.

［14］ Desch H. E.，Dinwoodie J. M. Timber-Structure，Properties，Conversion and Use（Senventh edition）.Houndmills，Basingstoke，Hampshire RG21 6XS and London，MACMILAN PRESS LTD，1996.

［15］ ASTM D 245-00 Standard practice for establishing structural grades and related allowable properties for visually-graded lumber ［S］.West Conshohcken，PA：American Society for Testing and Materials，2002.

［16］ Barrett，J. D.，Lau，W.，1994. Canada Lumber Properties. Canadian Wood Council，Ottawa，Ontario，Canada.

［17］ ASTM D 6570-00a Standard practice for assigning allowable properties for mechanically-graded lumber ［S］.West Conshohcken，PA：American Society for Testing and Materials，2000.

［18］ GB/T 50708—2012 胶合木结构技术规范 ［S］.北京：中国建筑工业出版社，2012.

［19］ EN 338：2003：Structural timber - Strength classes ［S］.European Committee for Standardization，Brussels，2003.

［20］ 潘景龙，祝恩淳．木结构设计原理．北京：中国建筑工业出版社，2009.

［21］ GB 50206—2012 木结构工程施工质量验收规范 ［S］.北京：中国建筑工业出版社，2012.

［22］ GB/T 26899—2011 结构用集成材 ［S］.北京：中国标准出版

社，2011.

[23]　EN 1194：1999：Timber structures – Glued laminated timber – Strength classes and determination of characteristic values [S] . European Committee for Standardization，Brussels，1999.

[24]　Brandner R.，Flatscher G.，Ringhofer A.，Schickhofer G.，Thiel A. Cross laminated timber （CLT）：overview and development. European Journal of Wood Products，Vol. 74，Issue 3，pp331-351，May，2016.

[25]　樊承谋．密层胶合木及其在建筑中的应用 [J]．木结构标准通讯．中国工程建设标准化委员会木结构技术委员会，1981（3）：1-14.

[26]　ASTM D 2915-03 Standard practice for evaluating allowable properties for grades of structural lumber [S] . West Conshohcken，PA：American Society for Testing and Materials，2003.

第3章 木结构的可靠度和木材与木产品的强度设计指标

多数国家已采用基于可靠度的极限状态设计法。结构的可靠度水准代表结构在设计基准期内完成预定功能的概率，或反之，代表结构失效的概率。目标可靠度是根据经济技术发展水平对可靠度水准所作的规定，木材和木产品的强度设计指标应符合目标可靠度的规定。由于各国的经济技术发展水平不同，不同国家的目标可靠度也不同。《工程结构可靠性设计统一标准》GB 50153—2008[1] 和《建筑结构可靠度设计统一标准》GB 50068—2001[2] 对建筑结构目标可靠度的规定是，对于安全等级为二级的结构，延性破坏条件下的目标可靠度为 3.2，脆性破坏条件下的目标可靠度为 3.7。各种结构中材料强度的设计指标，都是基于这个规定给出的。对于安全等级为一级或三级的结构，则在设计方程中引入结构重要性系数 γ_0，使设计符合不同的可靠度要求。

采用基于可靠度的极限状态设计法，需要经可靠度分析确定木材与木产品的强度设计指标。《木结构设计规范》GBJ 5—88[3] 实现了由多系数法的定值设计法向基于可靠度的极限状态设计法的转变，木材的强度设计指标是在可靠度分析的基础上确定的。《木结构设计规范》GB 50005—2003[4] 在保留原有的方木与原木的同时，纳入了北美规格材和欧洲锯材等进口木产品，但这些木产品的强度设计指标未经可靠度分析确定，而是基于美国木结构设计规范 NDSWC-1997[5] 中木产品的强度设计指标，采用"软转换法"（Soft conversion）换算而来。但规范 GB 50005—2003 采用以概率为基础的极限状态设计法，应按可靠度的要求确定木材与木产品的强度设计指标，软转换法没经可靠度分析确定木材与木产品的强度设计指标，不符合极限状态设计

55

法的基本原则。《胶合木结构技术规范》GB/T 50708—2012[6]中胶合木的强度设计指标，也采用了软转换法，存在与规范 GB 50005—2003 相同的问题。新修订的《木结构设计规范》GB 50005—2017[7]在规范 GB 50005—2003 的基础上，又纳入了北美方木、国产规格材及结构复合木材等更多木产品。为使自规范 GB 50005—2003 开始纳入的木材与木产品的强度设计指标符合我国的可靠度要求，需要开展木结构可靠度分析，确定相关产品的强度设计指标。

3.1　规范 GB 50005—2003 中确定木材与木产品强度设计指标的方法

3.1.1　方木与原木

我国木结构设计规范分别于 1955 年、1973 年、1988 年和 2003 年颁布过四次，代号分别为规结—3—55[8]、GBJ 5—73[9]、GBJ 5—88 和 GB 50005—2003。规结—3—55 采用允许应力设计法，规范 GBJ 5—73 采用多系数设计法，规范 GBJ 5—88 开始采用基于可靠度的极限状态设计法，后一种设计法中木材和木产品的强度设计值为

$$f_d = \frac{f_k K_{DOL}}{\gamma_R} \qquad (3-1)$$

式中：f_d 为结构木材或木产品的强度设计值；f_k 为木材的强度标准值（Characteristic strength，亦称强度特征值或 5 分位值，具有 95% 的保证率）；K_{DOL} 为荷载持续作用效应系数，在规结-3—55、规范 GBJ 5—73 中取值为 0.67，自规范 GBJ 5—88 开始，取值为 0.72；γ_R 为木构件的抗力分项系数，其大小由构件的可靠度确定。

值得注意的是，式(3-1)中的强度标准值 f_k 和设计值 f_d 都是针对结构木材而言的，而方木与原木的强度是基于清材小试件

试验获得的，需要考虑木材的各种缺陷等影响其强度的因素，将清材的强度转化为结构木材的强度。因此规范 GBJ 5—88 对木构件进行可靠度分析中采用的功能函数可表示为[10,11]

$$Z = K_A K_P K_{Q1} K_{Q2} K_{Q3} K_{Q4} f - \frac{f_k K_{DOL} (g + q\rho) K_B}{\gamma_R (\gamma_G + \phi_c \gamma_Q \rho)} \quad (3-2)$$

式中：K_A 为木构件截面尺寸的不定性，随机变量；K_P 为抗力计算模式的不定性，随机变量；K_{Q1} 为木材天然缺陷的影响系数，随机变量；K_{Q2} 为木材干燥缺陷的影响系数，随机变量；K_{Q3} 为荷载持续作用效应系数，随机变量，其均值即为规范中采用的荷载持续作用效应系数 K_{DOL} 的值；K_{Q4} 为由清材小试件强度到足尺木材强度的尺寸效应系数，随机变量；f 为由清材小试件试验获得的木材的短期强度，随机变量，可靠度分析中一般假定为正态分布；K_B 为荷载效应计算模式不定性，随机变量（均值 $K_B = 1.0$，变异系数 $V_B = 0.05$）；f_k 为木材或木产品的强度标准值，定值；g 为恒载与其标准值之比，$g = G/G_k$，随机变量；q 为可变荷载与其标准值之比，$q = Q/Q_k$，随机变量；ρ 为可变荷载与恒载的标准作用效应比，$\rho = Q_k/G_k$，常变量；γ_R 为木构件的抗力分项系数，定值；γ_G 为恒载分项系数，定值，当恒载起控制作用时取 1.35，可变荷载起控制作用时取 1.2；γ_Q 为可变荷载分项系数，定值，取 1.4；ϕ_c 为荷载效应组合系数，当可变荷载起控制作用时取 1.0，当恒载起控制作用时与风荷载组合取 0.6，与其他可变荷载组合取 0.7。式(3-2)中关于抗力和荷载各随机变量的统计参数的平均值及变异系数，分别列于表 3-1、表 3-2[4]。

构件抗力统计参数　　　　　　　　　　　　　　表 3-1

受力形式		受弯	顺纹受压	顺纹受拉	顺纹受剪
天然缺陷	K_{Q1}	0.75	0.80	0.66	—
	V_{Q1}	0.16	0.14	0.19	—
干燥缺陷	K_{Q2}	0.85	—	0.90	0.82
	V_{Q2}	0.04	—	0.04	0.10

受力形式		受弯	顺纹受压	顺纹受拉	顺纹受剪
荷载持续作用	K_{Q3}	0.72	0.72	0.72	0.72
效应系数	V_{Q3}	0.12	0.12	0.12	0.12
尺寸效应	K_{Q4}	0.89	—	0.75	0.90
	V_{Q4}	0.06	—	0.07	0.06
截面尺寸	K_A	0.94 (1.00)	0.96 (1.00)	0.96 (1.00)	0.96 (1.00)
不定性系数	V_A	0.08 (0.05)	0.06 (0.03)	0.06 (0.03)	0.06 (0.03)
作用效应计算模式	K_B	1.00	1.00	1.00	1.00
不定性系数	V_B	0.05	0.05	0.05	0.05
抗力计算模式	K_P	1.00	1.00	1.00	0.97
不定性系数	V_P	0.05	0.05	0.05	0.08

注：括号内的参数值为 3.2 节可靠度分析中适用于新纳入规范的木产品采用的值；K、V 分别为各统计参数的平均值和变异系数。

荷载统计参数 表 3-2

荷载种类	平均值/标准值	变异系数	分布类型
恒载	1.060	0.070	正态分布
办公楼楼面活荷载	0.524	0.288	极值Ⅰ型
住宅楼面活荷载	0.644	0.233	极值Ⅰ型
风荷载(30年重现期)	1.000	0.190	极值Ⅰ型
雪荷载(50年重现期)	1.040	0.220	极值Ⅰ型

　　式(3-2)中截面尺寸的不定性参数 K_A 考虑的是由于制作加工误差，构件的实际截面尺寸与设计尺寸总会有偏差，即使工业化生产的规格材等现代木产品，其截面尺寸也不可能与标准的规定值一致。例如标准 ASTM D 6570[12] 即列举了规格材的截面尺寸偏差，且表明 K_A 的均值应小于 1.0。抗力的计算也具有不定性，例如规格材足尺抗弯试验，采用的是三分点加载，所获得的抗弯强度与均布荷载试验所获得的抗弯强度会有差异；抗弯强度是在平面假设和弹性假设的前提下计算的，与实际情况可能会有差异（材料可能已进入塑性），故可靠度分析中需考虑抗力计算模式的不定性 K_P。荷载效应计算模式的不定性 K_B 是指计算简图与实际情况可能存在差异，如简支梁的支座并不一定是理想的

铰支等。这些参数的意义与国际标准——结构可靠性原则 ISO 2394：2015[13] 的有关规定是一致的。其他抗力统计参数的意义已在 2.2 节中讨论过，不再重述。

经采用一次二阶矩法（First order second moment method, FOSM）进行可靠度分析[10,11]，规范 GBJ 5—88 对受弯、受拉、受压和受剪构件所采用的抗力分项系数分别为 1.60、1.95、1.45 和 1.50；所达到的可靠度指标分别为 3.8、4.3、3.8 和 3.9[14]，符合标准 GB 50153—2008[1] 和标准 GB 50068—2001[2] 的规定。规范 GB 50005—2003 中方木与原木的强度设计指标沿用了规范 GBJ 5—88 规定的值。

3.1.2 其他木产品

1. 北美规格材

规范 GB 50005—2003 引进北美地区的规格材时，采用了软转换法确定其强度设计指标，即将美国规范 NDSWC-1997 规定的规格材的强度设计指标，换算成规范 GB 50005—2003 中规格材的强度设计指标。软转换法的根本问题是忽视了标准 GB 50153—2008 和标准 GB 50068—2001 关于可靠度的规定，没有按可靠度要求确定木材和木产品的强度设计指标。

软转换法源出标准 ASTM D 5457-04a[15]，原为将美国木结构设计规范 NDSWC-2005[16] 允许应力设计法（Allowable stress design，ASD）中的木产品的允许应力设计指标换算为其荷载与抗力系数设计法（Load and resistance factor design，LRFD）中木产品的强度设计指标，因为美国规范 NDSWC-2005 同时采用 ASD 和 LRFD 两种设计方法。软转换法是假定在某种荷载作用下，分别由 ASD 和 LRFD 设计的构件具有相同的截面尺寸。加拿大木结构设计规范 CSA O86[17] 的 1984 版本初次采用极限状态设计法（Limit state design，LSD）时，也主要采用了软转换法，即将其设计规范中木产品的允许应力设计指标换算为其极限状态设计法中木产品的强度设计指标。这样做的目的是沿用已有的工程经验并保持规范的延续性，不致使采用 LSD 法后的工程设计改变过大。

规范 GB 50005—2003 采用的软转换法的大致换算过程是[18]，先将美国规范 NDSWC ASD 的强度设计指标（允许应力）换算成 LRFD 的强度设计指标，称为形式转换（Format Conversion）[15,16]。再将 NDSWC LRFD 的强度设计指标，按中、美两国规范的设计方程列式换算成规范 GB 50005—2003 中的强度设计指标，转换过程颇显复杂。下述以短期荷载条件下由美国规范 NDSWC ASD 中的强度设计指标直接换算为规范 GB 50005—2003 中的强度设计指标的方法，换算结果相同，但过程更为简捷。

对于受弯、受压、受拉或受剪构件，假设承受短期荷载作用，按美国规范 NDSWC 中的 ASD 设计法，承载力极限状态的设计方程为

$$(F^{ASD}/0.625)A = G_k + Q_k = G_k + 3G_k = 4G_k \qquad (3-3)$$

式中：F^{ASD} 为 NDSWC ASD 规定的木材强度设计指标，系木材的短期设计强度乘以荷载持续作用效应系数 0.625 所得；A 为构件截面的几何参数；G_k、Q_k 分别为永久荷载和活荷载的标准值，且假定 $Q_k/G_k = 3$。按规范 GB 50005—2003 的设计计算公式，则有

$$(f^{GB5}/0.72)A = 1.2G_k + 1.4Q_k = 1.2G_k + 1.4 \times 3G_k = 5.4G_k$$

$$(3-4)$$

式中：f^{GB5} 为规范 GB 50005—2003 规定的木材强度设计指标，系木材的短期设计强度乘以荷载持续作用效应系数 0.72 所得。联立式（3-3）、式（3-4），消去几何参数 A，即得到规范 GB 50005—2003 与美国规范 NDSWC 中规格材强度设计指标间的换算关系：

$$f^{GB5} = F^{ASD} \times \frac{5.4}{4} \times \frac{0.72}{0.625} = 1.5552F^{ASD} \qquad (3-5)$$

根据式（3-5），对于规格材的抗弯、抗拉、抗压和抗剪强度，先将美国规范 NDSWC-1997 中英制单位（psi）的允许应力换算

为公制单位（N/mm²），再乘以 1.5552，即得规范 GB 50005—2003 中规格材的强度设计值。对于规格材的横纹承压强度设计值，由于美国规范 NDSWC 不考虑荷载持续作用效应对横纹抗压强度的影响（NDSWC 中该强度指标由木材的变形控制确定，详见 3.4.2 节），按照规范 GB 50005—2003 所采用的软转换法的本意，式(3-3)、式(3-4)中将皆不含荷载持续作用效应系数，换算结果应为

$$f^{GB5} = F^{ASD} \times \frac{5.4}{4} = 1.35 F^{ASD} \tag{3-6}$$

规范 GB 50005—2003 在换算横纹承压强度时，按规范 NDSWC LRFD 法的设计方程，荷载持续作用效应调整系数 λ 应取 0.8，但换算时误将该系数取为 1.0，换算结果为 $f^{GB5} = 1.6875 F^{ASD}$，有违软转换法的本意。类似问题还发生在规范 GB/T 50708—2012 中受压和受弯构件稳定承载力计算中临界应力设计指标的换算上。根据欧拉公式，临界应力设计指标由木材的弹性模量计算，所以规范 GB/T 50708—2012 中临界应力设计指标的转换实际上是木材弹性模量的转换。转换时也是由于荷载持续作用效应调整系数 λ 取值错误，结果也有违软转换法的本意。另一方面，美国规范 NDSWC 认为荷载持续作用效应对木材的弹性模量无影响，而规范 GB 50005 的计算方法中，荷载持续作用效应对木材的弹性模量和强度的影响效果相同。两种不同含义的弹性模量是不能互相转换的。

规范 GB 50005—2003 中所换算的横纹承压强度设计值还存在另一个问题。美国规范 NDSWC 中的横纹承压强度是根据承压变形为 1.0mm 为标志的承压试验结果确定的，且不考虑荷载持续作用效应对木材横纹承压强度的影响，而规范 GB 50005—2003 中的横纹承压强度则是根据以达到比例极限为标志的试验结果确定的，且需考虑荷载持续作用效应对木材横纹承压强度的影响。因此来自两种不同含义的强度设计值，也是不能互相换算的。这个问题将在 3.4 节中进一步叙述。

美国规范 NDSWC 中木产品的强度设计指标是按允许应力给出的，系由木产品的强度标准值除以安全系数得到。木产品的抗拉、抗弯、抗剪强度标准值是按非参数法确定的试验结果的 5 分位值，安全系数皆为 2.1，且内含荷载持续作用效应系数 0.625，故安全系数实际为 $2.1 \times 0.625 \approx 1.31$。受压构件的安全系数实为 $1.9 \times 0.625 \approx 1.19$。横纹承压强度设计值则由清材小试件强度的平均值除以安全系数 1.67 得到，且不计荷载持续作用效应系数。

在 ASD 法和 LRFD 法并行的美国规范 NDSWC-2005 中，两种设计方法间是通过软转换法换算设计指标的，即将用于 ASD 法的允许应力乘以形式转换系数换算为 LRFD 法的强度设计值，这使得美国规范中的 LRFD 法名义上是基于可靠度的极限状态设计法，但实际上仍为一种定值设计法。既然规范 GB 50005—2003 采用以概率为基础的极限状态设计法，采用这种软转换法将美国规范中的允许应力设计值换算为我国木结构承载力极限状态下的强度设计指标，就不适用了，相当于退回到已废止的允许应力设计法。另一方面，不同国家和地区的荷载统计参数（$q=$ 平均值/标准值及其变异系数 V_s）存在较大差异，例如我国雪荷载平均值与标准值的比值 $q=1.04$，变异系数 $V_s=0.22$[4]；而美国雪荷载 $q=0.61 \sim 0.82$，$V_s=0.26 \sim 0.60$[19]。即使两国规范的目标可靠度相同，也会因荷载的变异性不同导致抗力分项系数，亦即强度设计指标不同。这是定值设计法与以概率论为基础的极限状态设计法的根本区别。

2. 层板胶合木

规范 GB 50005—2003 中仅含普通层板胶合木，其强度设计指标等同于相同树种的方木与木原木。规范 GB/T 50708—2012 及规范 GB 50005—2017 增加了目测分级层板胶合木和机械弹性模量分级层板胶合木。这两类层板胶合木的组坯和等级划分参照了日本标准，其实就是选取了日本木结构设计规范[20]中层板胶合木的部分强度等级。作为示例，表 3-3 给出了规范 GB/T

50708 中同等组合层板胶合木与日本规范强度等级的对应关系。表中规范 GB/T 50708 强度等级中的数字，代表胶合木的抗弯强度设计值。所谓强度等级的对应关系，即表中同一列中的胶合木的组坯规定相同，因而具有相同的强度标准值。

规范 GB/T 50708—2012 与日本规范

同等组合胶合木强度等级的对应关系 表 3-3

日本规范	E135-F405	E120-F375	E95-F315	E85-F300	E65-F255
GB/T 50708	TC_T30	TC_T27	TC_T24	TC_T21	TC_T18

规范 GB/T 50708—2012 中目测分级层板胶合木和机械弹性模量分级层板胶合木的强度设计指标的确定，也采用了软转换法。具体做法是，先将日本规范层板胶合木的强度标准值除以美国规范 NDSWC-2005 对应的安全系数，得到假定的美国规范 NDSWC-2005 中层板胶合木的强度设计指标；再将这种假定的强度设计指标乘以转换系数 1.5552，即得到规范 GB/T 50708—2012 对应等级的胶合木的强度设计指标。以同等组坯层板胶合木 TC_T30（规范 GB 50005—2017 中改用抗弯强度标准值表示为 TC_T40）的抗弯强度为例，日本规范对应等级 E135-F405 的抗弯强度标准值为 $40.2N/mm^2$，则规范 GB/T 50708—2012 中的强度设计值 $f_b = (40.2/2.1) \times 1.5552 = 29.8 \approx 30N/mm^2$。以上大致就是规范 GB/T 50708—2012 中层板胶合木强度设计指标的来历。规范 GB/T 50708—2012 中层板胶合木 TC_T30 的抗弯强度标准值规定为 $f_{bk} = 40N/mm^2$，这是参考日本规范对应等级的抗弯强度标准值取整处理的结果。

3. 欧洲锯材

规范 GB 50005—2003 引进了欧洲锯材，误称为欧洲地区目测分级规格材。其强度设计指标按如下过程进行了软转换。欧洲木结构设计规范 EC 5[21] 采用基于可靠度的极限状态设计法，木构件在某种受力情况下的设计方程为

$$(f_k^{EC5} K_{mod}^{EC5} / \gamma_M^{EC5}) A = \gamma_G^{EC5} G_k + \gamma_Q^{EC5} Q_k \tag{3-7}$$

式中：f_k^{EC5} 为欧洲锯材的强度标准值（特征值），由欧洲结构木材的强度等级标准 EN 338 规定[22]；K_{mod}^{EC5} 为规范 EC 5 考虑荷载持续作用效应和使用环境对木材强度影响的折减（调整）系数，相当于式（3-1）中的 K_{DOL}；γ_M^{EC5} 为材料分项系数（Material property partial factor），对锯材取 1.3；γ_G^{EC5}、γ_Q^{EC5} 分别为恒荷载和活荷载的分项系数，取 1.35 和 1.5。规范 GB 50005—2003 的设计方程为

$$f^{GB5} A = \gamma_G^{GB5} G_k + \gamma_Q^{GB5} Q_k \qquad (3-8)$$

转换的原则仍然是"在相同荷载条件下，分别由规范 GB 50005—2003 和规范 EC 5 设计的构件截面尺寸相同"，且仍假定 $Q_k / G_k = 3$。联立式(3-7)、式(3-8)并消去截面的几何特征 A，得

$$f^{GB5} = (f_k^{EC5} K_{mod}^{EC5} / \gamma_M^{EC5})(\gamma_G^{GB5} + 3\gamma_Q^{GB5}) / (\gamma_G^{EC5} + 3\gamma_Q^{EC5})$$

$$(3-9)$$

式(3-9)中 K_{mod}^{EC5} 取为 0.8，为规范 EC 5 中对应第 1 级使用环境（Service class 1）、中期荷载（1 周～6 个月）的值，大于规范 GB 50005—2003 中 $K_{DOL} = 0.72$ 的取值规定。软转换法大致上是一种等可靠度转换，规范 EC 5 的目标可靠度为 3.8[23]，如果规范 GB 50005—2003 中欧洲锯材的强度设计指标确实按式(3-9)确定，就可靠度而言，还是大致能满足我国规范要求的。之所以用了大致一词，是因为规范 GB 50005—2003 和 EC 5 的可靠度分析中荷载和抗力的统计参数及分布假设不同和变异性不同，严格讲不同国家规范中的可靠度指标不可能对等。

规范 GB 50005—2003 中欧洲锯材的名称是"欧洲地区目测分级进口规格材"。实际上，规格材仅是北美生产的一种锯材产品，符合北美的产品质量标准和分级规则，只在美国和加拿大的设计规范中作为一种专门的木产品对待，并赋予相应的强度设计指标。而欧洲木产品分类及木材强度等级划分规则与北美并不相同，其设计规范中并不存在规格材这一产品与术语，也不存在以目测分级或机械分级区分的木材，因此就没有必要讨论规范 GB 50005—2003 中"欧洲地区目测分级进口规格材"的强度设计指

标的确定是否合理了。欧洲产品的正确名称是锯材（Sawn timber）、结构木材（Structural timber）或实木（Solid timber）。

3.1.3 规范 GB 50005—2003 中部分木产品可靠度校核

软转换法用于同一国家的允许应力设计法和极限状态设计法间强度设计指标的相互换算，是尚可接受的一种方法。假定在某一种荷载作用下，由两种设计方法确定的构件截面尺寸相同，因此两种设计方法所达到的安全水平基本相同。即便如此，美国规范 NDSWC-2005 基于 ASD 法规定设计指标，LRFD 法的设计指标则由允许应力乘以系数转换系数换算而得。这种做法使 LRFD 法名义和形式上是一种基于可靠度的极限状态设计法，但本质上仍属于允许应力设计法。正如 ASTM D 5457-04a 所表述的：可以通过形式转换由 ASD 法的允许应力推算 LRFD 法的强度设计指标，但并不能认为由此获得的强度设计指标就能达到某一明确的可靠度指标。

下面采用一次二阶矩法（FOSM）对规范 GB 50005—2003 中目测分级规格材和规范 GB/T 50708—2012 中胶合木的可靠度进行验算。由于是基于足尺试验确定强度设计指标，木材天然缺陷、干燥缺陷等因素对强度的影响已包括在试验结果中，故功能函数中抗力的统计参数应剔除与清材小试件试验方法有关的参数（K_{Q1}、K_{Q2}、K_{Q4}），以反映现代木产品足尺试验方法的特点，且将式(3-1)代入式(3-2)，功能函数简化为

$$Z = K_A K_P K_{Q3} f - \frac{f_d (g + q\rho) K_B}{\gamma_G + \psi_c \gamma_Q \rho} \tag{3-10}$$

式中：f_d 为木材或木产品的强度设计值，其他各参数的含义同式（3-2）。对规格材，假设抗力和荷载效应都符合对数正态分布，则可靠度指标可按式(3-11)计算。

$$\beta = \frac{\ln(\mu_R / \mu_S)}{\sqrt{V_R^2 + V_S^2}} \tag{3-11}$$

式中：μ_R、V_R 分别为构件抗力的平均值和变异系数；μ_S、V_S 分

别为荷载效应的平均值和变异系数。

值得指出的是，规范 GB 50005—2003 中的强度设计值是木产品的长期强度，即式(3-10)右侧表示荷载效应的第 2 项中的强度设计值 f_d 含有荷载持续作用效应系数 K_{DOL} （见式(3-1)），规定取值为 0.72。故右侧表示抗力的第 1 项中应含有将来自于试验结果的木材的短期强度折算成长期强度的随机变量 K_{Q3}。如果第 1 项中漏掉这个随机变量，会得出远大于应有值的可靠度指标。这是一度误认为规范 GB 50005—2003 中规格材的强度设计指标和规范 GB/T 50708—2012 中胶合木的强度设计指标符合可靠度要求的原因之一。

1. 目测分级规格材受弯构件可靠度校核

以 Ⅲc 级（即北美的 No.2 级）、截面尺寸为 $2'' \times 10''$ 的 SPF 规格材受弯构件为例，核算其可靠度。根据文献 [24]，其按对数正态分布统计的抗弯强度平均值为 $\mu_{lnf} = 3.35\text{N/mm}^2$，标准差为 $\sigma_{lnf} = 0.36\text{N/mm}^2$。则其当量正态分布的强度平均值为 $\mu_f = 30.41\text{N/mm}^2$（式(2-9a)），强度变异系数为 $V_f = 0.372$（式(2-9c)）。规范 GB 50005—2003 规定的抗弯强度设计值为 $f_b = 9.4 \times 1.1 = 10.34\text{N/mm}^2$，其中系数 1.1 为规格材抗弯强度截面尺寸调整系数。

在恒载与办公楼面荷载组合且取活荷载与恒载的比值 $\rho = Q_k/G_k = 3.0$ 的情况下，取规范 GB 50005—2003 原有的统计参数，按式(3-10)计算，抗力的平均值和变异系数分别为

$$\mu_R = \overline{K_A K_P K_{Q3}} \mu_f = 0.94 \times 1.0 \times 0.72 \times 30.41 = 20.58\text{N/mm}^2$$

$$V_R = \sqrt{V_A^2 + V_P^2 + V_{Q3}^2 + V_f^2} = \sqrt{0.08^2 + 0.05^2 + 0.12^2 + 0.372^2}$$
$$= 0.402$$

值得指出的是，按上式计算得到的是构件抗力的变异系数，需将影响抗力的各种因素都考虑在内。荷载效应的平均值和变异系数分别为

$$\mu_S = \frac{f_d(\overline{g} + \overline{q}\rho)\overline{K_B}}{\gamma_G + \psi_c \gamma_Q \rho}$$

$$= \frac{10.34 \times (1.06 + 0.524 \times 3.0) \times 1.0}{1.2 + 1.0 \times 1.4 \times 3.0} = 5.04 \text{N/mm}^2$$

荷载效应的变异系数，按相互独立的随机变量之和或之差的变异系数计算：

$$V_S = \sqrt{V_B^2 + \frac{(\bar{g}V_g)^2 + (\bar{q}V_q)^2}{(\bar{g} + \bar{q})^2}}$$

$$= \sqrt{0.05^2 + \frac{(1.06 \times 0.07)^2 + (0.524 \times 0.288 \times 3)^2}{(1.06 + 0.524 \times 3)^2}}$$

$$= 0.181$$

按式(3-11)，可靠度指标为

$$\beta = \frac{\ln(\mu_R/\mu_S)}{\sqrt{V_R^2 + V_S^2}} = \frac{\ln(20.58/5.04)}{\sqrt{0.402^2 + 0.181^2}} = 3.08$$

恒载单独作用情况下，抗力的平均值为 $\mu_R = 20.58 \times 0.8 = 16.47 \text{N/mm}^2$，其中 0.8 为规范 GB 50005—2003 规定的恒载作用下木材的强度调整系数，该系数实际上使荷载持续作用效应系数 $K_{DOL} = 0.72 \times 0.8 = 0.576$。荷载效应的平均值和变异系数分别为

$$\mu_S = \frac{f_d(\bar{g} + \bar{q}\rho)\overline{K_B}}{\gamma_G + \psi_c\gamma_Q\rho} = \frac{10.34 \times 0.8 \times 1.06 \times 1.0}{1.35} = 6.50 \text{N/mm}^2$$

$$V_S = \sqrt{V_G^2 + V_B^2} = \sqrt{0.07^2 + 0.05^2} = 0.086$$

可靠度指标为

$$\beta = \frac{\ln(\mu_R/\mu_S)}{\sqrt{V_R^2 + V_S^2}} = \frac{\ln(16.47/6.5)}{\sqrt{0.402^2 + 0.086^2}} = 2.26$$

在荷载比值分别为 $\rho = Q_k/G_k = 0.5$、1.0、1.5、2.0、4.0 的条件下（规范 GBJ 5—88 可靠度验算中荷载比值最大取至 $\rho = 1.5$），进行类似计算，可获得规格材受弯构件在恒载与办公楼面荷载组合情况下的可靠度计算结果。重复上述计算步骤，可获得受弯构件在恒载与住宅楼面荷载组合、恒载与雪荷载组合、恒载与风荷载组合情况下的可靠度指标并列于表 3-4。可以看

出，在所考虑的 4 种荷载组合情况中，除恒载与办公楼面活荷载组合的 $\rho = 3.0$、4.0 两种荷载比值情况下，规格材的抗弯强度设计指标都不满足可靠度要求，其中恒载与雪荷载或与风荷载组合下可靠度指标偏低的程度较为严重。各种荷载组合情况下可靠度指标的平均值分别为 2.88（办公）、2.71（居住）、2.17（雪）、2.25（风），总平均值只有 2.50，办公和住宅楼面活荷载情况下可靠度指标最高可达到 3.25（办公楼面活荷载 $\rho = 4.0$），雪荷载、风荷载情况下最低只有 2.14（雪荷载 $\rho = 0.5$、1.0）。在恒载与办公楼面活荷载或与住宅楼面活荷载组合下，可靠度指标随活荷载与恒载的比值 ρ 的降低而降低，而在恒载与雪荷载或与风荷载组合下，这种趋势并不明显。

如果式（3-10）右侧代表荷载效应的第 1 项中漏掉荷载持续作用效应系数随机变量 K_{Q3}，则计算得到的最大和最小可靠度指标将分别为 3.98（办公楼面活荷载 $\rho = 4.0$）和 2.90（雪荷载 $\rho = 0.5$），平均值将符合我国可靠度要求。这当然是在错误的功能函数基础上得出的错误结论，不足为据。式（3-10）右侧的两项中也可以同时不考虑荷载持续作用效应对木材强度的影响，此时相当于验算木材短期强度的可靠度，所得结果与表 3-4 数值近似相同。

上述可靠度指标验算沿用了规范 GB 50005—2003 既有的截面尺寸不定性参数（$\overline{K_A} = 0.94$，$V_A = 0.08$）。规范 GB 50005—2017 修订中，对现代木产品构件（进口锯材、层板胶合木）的截面尺寸不定性参数进行了调整（$\overline{K_A} = 1.0$，$V_A = 0.05$）。采用调整后的参数的规格材受弯构件的可靠度指标列于表 3-5，以比较对可靠度验算的影响效果。对比表 3-4、表 3-5 可以看出，参数调整后，可靠度指标提高 5%～8%，满足可靠度要求的荷载工况也有所增加，但整体上未影响可靠度验算的结论。另一方面，取 $\overline{K_A} = 1.0$ 和 $V_A = 0.05$ 是否合理，也是一个值得推敲的问题。因为从标准 ASTM D 2915[44] 所列举的规格材截面尺寸的误差判断，$\overline{K_A}$ 的值似应小于 1.0。

规格材、胶合木受弯构件可靠度指标 β 的校核结果（原参数Ⅲc、TCT24）

表 3-4

荷载	G+L(办公)							G+L(住宅)						
ρ	0.0	0.5	1.0	1.5	2.0	3.0	4.0	0.0	0.5	1.0	1.5	2.0	3.0	4.0
规格材	2.26	2.55	2.85	2.99	3.08	3.19	3.25	2.26	2.44	2.67	2.80	2.87	2.96	3.00
胶合木	1.83	2.32	2.77	2.99	3.10	3.21	3.25	1.83	2.15	2.51	2.71	2.78	2.89	2.93
荷载	G+S							G+W						
ρ	0.0	0.5	1.0	1.5	2.0	3.0	4.0	0.0	0.5	1.0	1.5	2.0	3.0	4.0
规格材	2.26	2.14	2.14	2.15	2.16	2.16	2.16	2.26	2.15	2.21	2.33	2.25	2.27	2.28
胶合木	1.83	1.55	1.59	1.60	1.60	1.59	1.58	1.83	1.62	1.71	1.75	1.77	1.78	1.79

注：G—永久荷载；L—活荷载；S—雪荷载；W—风荷载。

规格材、胶合木受弯构件可靠度指标 β 的校核结果（新参数Ⅲc、TCT24）

表 3-5

荷载	G+L(办公)							G+L(住宅)						
ρ	0.0	0.5	1.0	1.5	2.0	3.0	4.0	0.0	0.5	1.0	1.5	2.0	3.0	4.0
规格材	2.44	2.79	3.01	3.17	3.26	3.37	3.42	2.44	2.62	2.85	2.98	3.04	3.13	3.17
胶合木	2.18	2.68	3.13	3.33	3.44	3.51	3.53	2.18	2.50	2.85	3.06	3.11	3.20	3.23
荷载	G+S							G+W						
ρ	0.0	0.5	1.0	1.5	2.0	3.0	4.0	0.0	0.5	1.0	1.5	2.0	3.0	4.0
规格材	2.44	2.28	2.31	2.32	2.33	2.32	2.32	2.44	2.32	2.38	2.52	2.42	2.44	2.44
胶合木	2.18	1.87	1.90	1.89	1.88	1.86	1.84	2.18	1.96	2.04	2.07	2.08	2.08	2.07

2. 胶合木受弯构件可靠度校核

以强度等级为 TCT24（规范 GB 50005—2017 中改为 TCT 32）的同等组合胶合木受弯构件为例，规范 GB/T 50708—2012 所规定的抗弯强度特征值 $f_{bk}=32N/mm^2$，设计值 $f_b=24N/$

mm^2。胶合木的强度可假设符合正态分布，强度变异系数可取 $V_f=0.15^{[17]}$，则抗弯强度的平均值为 $\mu_f=f_{bk}/(1-1.645\times 0.15)=42.48$N/mm^2。抗力的平均值、变异系数分别为

$$\mu_R=\overline{K_A K_P K_{Q3}}\mu_f$$
$$=0.94\times 1.0\times 0.72\times 42.48=28.75\text{N/mm}^2$$
$$V_R=\sqrt{V_A^2+V_P^2+V_{Q3}^2+V_f^2}$$
$$=\sqrt{0.08^2+0.05^2+0.12^2+0.15^2}=0.214$$

考虑恒载＋办公楼面活荷载，荷载比值 $\rho=Q_k/G_k=3.0$ 的情况，荷载效应的平均值和变异系数分别为

$$\mu_S=\frac{f_d(\bar{g}+\bar{q}\rho)\overline{K_B}}{\gamma_G+\psi_c\gamma_Q\rho}$$
$$=\frac{24\times(1.06+0.524\times 3.0)\times 1.0}{1.2+1.0\times 1.4\times 3.0}$$
$$=11.70\text{N/mm}^2$$

$$V_S=\sqrt{V_B^2+\frac{(\bar{g}V_g)^2+(\bar{q}V_q)^2}{(\bar{g}+\bar{q})^2}}$$
$$=\sqrt{0.05^2+\frac{(1.06\times 0.07)^2+(0.524\times 0.288\times 3)^2}{(1.06+0.524\times 3)^2}}$$
$$=0.181$$

将上述数值代入式(3-11)得

$$\beta=\frac{\ln(\mu_R/\mu_S)}{\sqrt{V_R^2+V_S^2}}=\frac{\ln(28.75/11.70)}{\sqrt{0.214^2+0.181^2}}=3.21$$

类似于规格材的可靠度核算，在荷载比值分别为 $\rho=Q_k/G_k=0.0$、0.5、1.0、1.5、2.0、4.0 的条件下，重复上述计算并将结果也列于表 3-4。可以看出，在所考虑的 4 种荷载组合情况下，除恒载与办公楼面活荷载组合，胶合木的抗弯强度设计指标都远未满足可靠度要求，且可靠度指标较规格材更为偏低。各种荷载组合情况下可靠度指标的平均值分别为 2.78（办公）、2.54（居住）、1.62（雪）、1.75（风），总平均值只有 2.17，办公

和住宅楼面活荷载情况下可靠度指标最高不过 3.25（办公楼面活荷载 $\rho=4.0$），雪荷载、风荷载情况下最低只有 1.55（雪荷载 $\rho=0.5$）。类似于规格材，在恒载与办公楼面活荷载或与住宅楼面活荷载组合下，可靠度指标随活荷载与恒载的比值 ρ 的降低而降低，而在恒载与雪荷载或与风荷载组合下，这种趋势并不明显。

将按调整后的截面尺寸不定性参数（$\overline{K_A}=1.0$，$V_A=0.05$）计算的胶合木的可靠度指标也列于表 3-5 中。可以看出，该参数的调整对所计算的胶合木的可靠度指标的影响程度远超过规格材，原因是胶合木的强度变异系数较规格材低很多，截面尺寸不定性参数取值的影响效果就更明显了。

表 3-4 和表 3-5 可靠度校核结果表明，规范 GB 50005—2003 中北美目测分等规格材和层板胶合木的强度设计指标不满足我国可靠度要求。采用 JC 法和蒙特卡洛法，对不同强度等级、各种截面尺寸和树种或树种组合的目测分级规格材，以及不同强度等级的胶合木进行了可靠度分析[25,26]，验算结果虽与手算结果略有差异，但结论是相同的。

规范 GB 50005—2003 中部分木产品强度设计指标可靠度不足的问题，也可由其实有的抗力分项系数直观判断出来。根据式（3-1），抗力或材料分项系数为 $\gamma_R=f_k \times 0.72/f_d$，其中 f_k 为结构木材的强度标准值（5 分位值）f_d 为强度设计值；0.72 为规定的荷载持续作用效应系数值。我国早期木结构设计规范[8,9] 曾规定荷载持续作用效应系数取值为 0.67，而美国规范 NDSWC 规定的基本取值为 0.625，设计使用年限均为 50 年。对于规格材受弯、受拉和受剪构件，其强度标准值应推算为 $f_k=f_d \times 2.1/1.5552$，其中 2.1 为美国规范 NDSWC 的安全系数，1.5552 为软转换系数（见式（3-5））。则实有的抗力或材料分项系数为 $\gamma_R=f_k \times 0.72/f_d=2.1 \times 0.72/1.5552=0.972$。对于受压构件，美国规范 NDSWC 规定的安全系数为 1.9，故 $\gamma_R=f_k \times 0.72/f_d=1.9 \times 0.72/1.5525=0.881$。采用同样方法，可推算胶合木和机械分级规格材的实有抗力分项系数，一并列于表 3-6 中，表中还列出了钢材等材料的材料分项系数。

我国各类建筑结构材料强度的离散性与抗力分项系数 表 3-6

类别	钢材	混凝土	砌体	方木与原木	目测规格材	机械规格材	胶合木
强度变异系数	0.08	0.11～0.21	0.25～0.30	0.23～0.27	0.25～0.40	0.20	0.15
抗力分项系数	1.10	1.40	1.60(压)	1.60(弯) 1.45(压)	0.97(弯) 0.88(压)	0.77～0.89	0.86～0.99

我国各类建筑结构的目标可靠度是一致的。在荷载与抗力统计参数已定的条件下，建筑结构的可靠度取决于荷载分项系数和抗力（材料）分项系数的取值。在规定的目标可靠度和给定的荷载分项系数条件下，满足可靠度要求的抗力分项系数很大程度上取决于材料强度的变异性（离散性）。变异系数越大，抗力系数越大。从表 3-6 可以看出，即使强度变异性最小的钢材，其满足我国可靠度要求的抗力分项系数尚为 1.10，而规范 GB 50005—2003 中目测分级规格材的实有抗力分项系数仅为 0.88～0.97；机械分级规格材的实有抗力分项系数为 0.77～0.89；层板胶合木的抗力分项系数为 0.86～0.99，问题是显而易见的。

3.2 木构件可靠度分析

我国学者于 20 世纪 80 年代对方木与原木构件进行了可靠度分析[10,11]，确定了其强度设计指标并沿用至今。规范 GB 50005—2003 中规格材等现代木产品的强度设计指标采用了软转换法确定，不符合按可靠度要求确定木产品强度设计指标的原则，结果也不符合可靠度要求。正确合理地确定木产品的强度设计指标对我国木结构的工程设计、教学和科研工作都有重大影响，对现代木产品构件进行可靠度分析并确定符合我国可靠度要求的强度设计指标，是一项紧迫而重要的任务。

3.2.1 功能函数

之前开展的木结构构件可靠度分析，都是针对一种特定的木结构产品，且其强度变异系数也是一定的。现要解决的问题是，根据可靠度要求确定规格材、胶合木以及北美方木和欧洲锯材的强度设计指标，其强度变异系数在很大的范围内变动。在给定的荷载的统计参数条件下，满足可靠度要求的抗力分项系数取决于材料的强度变异系数，因此，经可靠度分析可以确定抗力分项系数 γ_R 与木材和木产品的变异系数 V_f 的关系（γ_R-V_f 曲线），只要某种木产品的强度变异系数已知，就可以根据 γ_R-V_f 曲线确定其对应的抗力分项系数，进而根据其强度标准值，确定强度设计值。由于所分析的都是经足尺试验确定强度标准值的木产品构件，所以不必考虑参数 K_{Q1}、K_{Q2}、K_{Q4}，功能函数式（3-2）简化为

$$Z = K_A K_P K_{Q3} f - \frac{f_k K_{DOL}(g + q\rho)K_B}{\gamma_R(\gamma_G + \psi_c \gamma_Q \rho)} \qquad (3\text{-}12)$$

式中各参数的含义同式（3-2）。由于现代木产品的加工精度和含水率的控制水平较原有的方木与原木有所提高，故对代表木构件截面尺寸不定性的统计参数作了调整，K_A 的平均值通取为 1.0，变异系数对受弯构件由 0.08 取为 0.05，对其他构件由 0.06 取为 0.03，即表 3-1 括号中的数值。

对于强度符合对数正态分布的木产品，分别按式（2-9a）、式（2-9d）和式（2-9e），得 $\mu_f = e^{\left(\mu_{\ln f} + \frac{1}{2}\sigma_{\ln f}^2\right)}$，$\sigma_{\ln f}^2 = \ln(1 + V_f^2)$，$f_k = e^{\mu_{\ln f} - 1.645\sigma_{\ln f}}$。各式中：$\mu_f$、$f_k$、$V_f$ 分别为当量正态分布的强度平均值、标准值和变异系数；$\mu_{\ln f}$ 为对数正态分布的平均值；$\sigma_{\ln f}$ 为对数正态分布的标准差。由以上各式推得

$$\frac{\mu_f}{f_k} = e^{1.645\sqrt{\ln(1+V_f^2)}}\sqrt{1 + V_f^2} \qquad (3\text{-}13)$$

构件的失效概率即功能函数 $Z < 0$ 的概率，与可靠度指标 β 相对应。将式（3-13）代入式（3-12），经可靠度分析，将获得各类木产品在不同荷载效应组合及荷载比值 ρ 条件下，对应于规定的可靠度指标的抗力分项系数与强度变异系数的关系曲线，即 γ_R-V_f 曲线。

3.2.2 可靠度分析及 γ_R-V_f曲线

1. 荷载组合

考虑的荷载组合包括恒载单独作用、恒载与住宅楼面活荷载组合、恒载与办公楼面活荷载组合、恒载与雪荷载组合以及恒载与风荷载组合 5 种荷载情况。

2. 活荷载与恒荷载的比值 ρ

方木与原木构件的可靠度分析中[10,11]，所采用的可变荷载与恒荷载的比值 ρ 主要依据对早期木屋盖的调查确定。当时的木屋盖主要采用黏土瓦屋面和密度较大的保温材料，屋盖的自重很大，因此 ρ 的取值偏低，最大仅为 $\rho=1.5$。由于黏土瓦已基本不用，目前常用的苯板等保温材料的密度很小，木屋盖或楼盖中活荷载所占比重变大。故在可靠度分析中增大了可变荷载与恒载比值的取值范围，分别取 $\rho=Q_k/G_k=0$、0.25、0.5、1.0、2.0、3.0、4.0，其中 $\rho=0$ 即代表恒载单独作用的情况。

3. 强度变异系数 V_f

早期木结构所用木材与木产品的品种单一，只有方木与原木，其受拉、受压、受弯和受剪构件强度的变异系数约为 0.22～0.32。现代木材与木产品种类增多，其强度的变异系数变化范围扩大。故可靠度分析中强度按对数正态分布的变异系数取值为 0.05～0.50。

4. 目标可靠度 β_0

根据标准 GB 50153—2008 和标准 GB 50068—2001 的规定，针对不同安全等级，目标可靠度指标分别取为 $\beta_0=2.7$、3.2、3.7、4.2。

5. 可靠度分析结果——γ_R-V_f曲线

根据式(3-12)，采用改进的 JC 法进行可靠度分析，得到了受拉、受压和受弯构件在不同目标可靠度指标、不同荷载组合和不同荷载比值情况下的 γ_R-V_f曲线[26]。以安全等级为二级的木构件为例，图 3-1～图 3-3 分别给出了受弯、受拉、和受压木构件的 γ_R-V_f曲线，其中的"基准线"将用以确定木材的强度设计值,"基准线调整"所代表的曲线是基准线除以调整系数 0.83 所得到的曲线。由于认为受弯和受压木构件发生延性破坏（图 3-1、图 3-3），其目标可靠度 $\beta_0 =$ 3.2，而受拉木构件（图 3-2）发生脆性破坏，其目标可靠度 $\beta_0 =$ 3.7，故图 3-2 中的抗力分项系数较大。

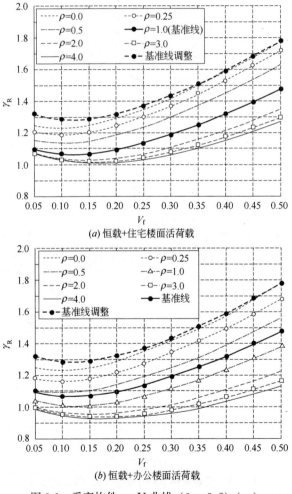

(a) 恒载+住宅楼面活荷载

(b) 恒载+办公楼面活荷载

图 3-1　受弯构件 γ_R-V_f 曲线（$\beta_0 =$ 3.2）（一）

75

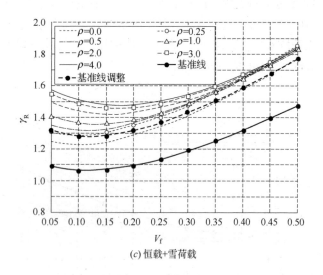

(c) 恒载+雪荷载

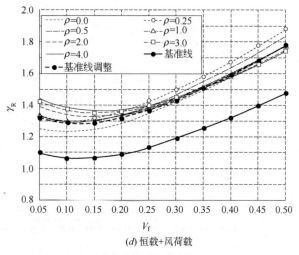

(d) 恒载+风荷载

图 3-1 受弯构件 γ_R-V_f 曲线（$\beta_0 = 3.2$）（二）

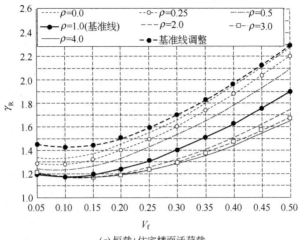

(a) 恒载+住宅楼面活荷载

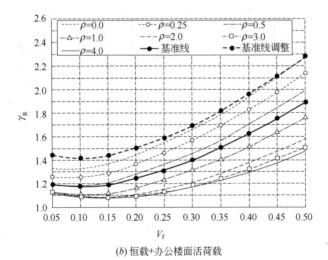

(b) 恒载+办公楼面活荷载

图 3-2　受拉构件 γ_R-V_f 曲线（$\beta_0 = 3.7$）（一）

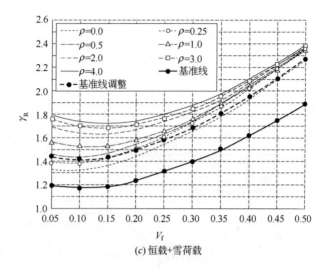

(c) 恒载+雪荷载

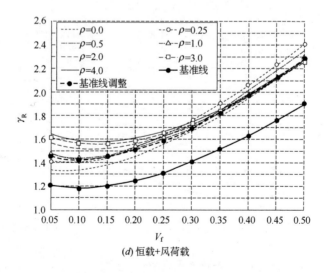

(d) 恒载+风荷载

图 3-2 受拉构件 γ_R-V_f 曲线 ($\beta_0 = 3.7$)(二)

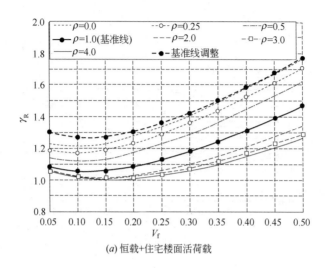

(a) 恒载+住宅楼面活荷载

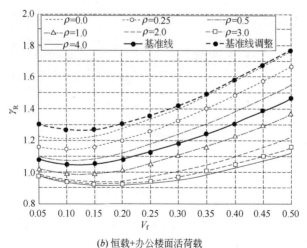

(b) 恒载+办公楼面活荷载

图 3-3　受压构件 γ_R-V_f 曲线 ($\beta_0 = 3.2$) (一)

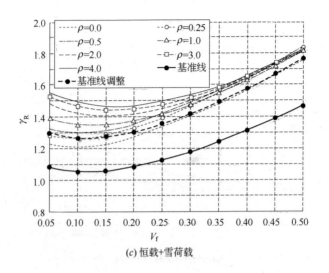

(c) 恒载+雪荷载

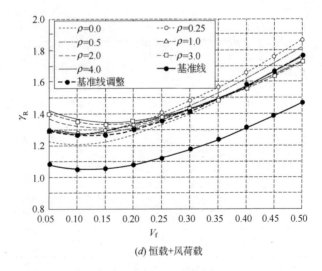

(d) 恒载+风荷载

图 3-3　受压构件 γ_R-V_f 曲线（$\beta_0 = 3.2$）（二）

图 3-1～图 3-3 间各组 γ_R-V_f 曲线趋势相同，因此以图 3-1 所示的受弯木构件为例进行说明。满足 $\beta_0 = 3.2$ 时，抗力分项系数

γ_R不仅与强度变异系数有关，还与荷载组合及活荷载与恒载的比值 $\rho = Q_k/G_k$ 有关，在较大的范围内变动，其最小值不足 1.0，最大值可达 1.9。当强度变异系数较大时，抗力分项系数 γ_R 随变异系数的增大而增大；当强度变异系数较小（约以 $V_f = 0.15$ 为界）时，各组曲线中的抗力分项系数随变异系数的增大反而略有减小。这种趋势与标准 ASTM D 5457[15] 中的可靠度校准系数（Reliability normalization factor，K_R）与强度变异系数的关系吻合。对于恒载与住宅楼面活荷载组合及恒载与办公楼面活荷载组合的情况，抗力分项系数随荷载比值 ρ 的增大而减小，恒载单独作用时抗力分项系数最大。这是由于恒载的平均值与标准值之比（$g_m = G_m/G_k$）大于这两类活荷载的平均值与标准值之比（$q_m = Q_m/Q_k$）。对于恒载与雪荷载组合及恒载与风荷载组合的情况，抗力分项系数随荷载比值 ρ 的变化趋势与前两种荷载组合相反，且这种现象在强度变异系数较小时更为明显。这主要是因为恒载的平均值与标准值之比 g_m 与这两类活荷载的 q_m 大小相近，但这两类活荷载的变异系数远大于恒载。这些计算结果正反映了基于概率论的设计法的特点，即构件的可靠度或安全性既与随机变量取值的大小有关，又与其变异性有关。

按一般理解，木材的强度变异系数越大，符合可靠度要求的抗力分项系数就应越大。有趣的是，图 3-1～图 3-3 中各 γ_R-V_f 曲线却表明在给定的可靠度条件下，抗力分项系数 γ_R 并非强度变异系数 V_f 的单调函数，在 γ_R-V_f 曲线上存在抗力分项系数 γ_R 的极值点（极小值）。可以给出这种现象的数学解释。方便起见，假设抗力 R 和荷载效应 S 都符合正态分布，则可靠度可按下式计算

$$\beta = \frac{\mu_R - \mu_S}{\sqrt{\sigma_R^2 + \sigma_S^2}}$$

其中，μ_R、μ_S 分别为抗力与荷载效应的平均值；σ_R、σ_S 分别为抗力与荷载效应的标准差。可将抗力的平均值用标准值 R_k 和变异系数 V_R 表示（V_R 是 V_f 的单调函数，见 3.1.3 可靠度校核），$\mu_R = R_k + 1.645\sigma_R = R_k + 1.645\mu_R V_R$，则上式变为

$$\beta = \frac{R_k + 1.645\mu_R V_R - \mu_S}{\sqrt{(\mu_R V_R)^2 + \sigma_S^2}}$$

可见可靠度的表达式的分子、分母中都含有抗力变异系数 V_R，即可靠度不是抗力变异系数 V_R（或强度变异系数 V_f）的单调函数。当抗力变异系数 V_R 很小时，上式分母中的 $(\mu_R V_R)^2$ 项类似于"高阶微量"，可忽略，此时可靠度将随抗力变异系数的增大而略有增大；当抗力变异系数 V_R 较大时，上式分母中的 $(\mu_R V_R)^2$ 项不可忽略，且与荷载效应变异性的联合影响大于分子中 $(\mu_R V_R)$ 项的影响，此时可靠度将随抗力变异系数的增大而减小。将可靠度对 V_R 求导数，并由 $\mathrm{d}\beta/\mathrm{d}V_R = 0$ 得可靠度极大值对应的抗力变异系数 $V_R^* = \dfrac{1.645\sigma_S^2}{\mu_R(R_k - \mu_S)}$，即 β 在 V_R^* 处取得极大值。当 $V_R < V_R^*$ 时，β 为 V_R 的增函数；当 $V_R > V_R^*$ 时，β 为 V_R 的减函数。确定强度设计值时，抗力分项系数越大，可靠度指标 β 越高。如果将可靠度 β 设为定值（如图 3-1 中 $\beta_0 = 3.2$），则必有当 $V_R < V_R^*$ 时，抗力分项系数 γ_R 为 V_R 的减函数；当 $V_R > V_R^*$ 时，抗力分项系数 γ_R 为 V_R 的增函数。

3.2.3　木材与木产品强度设计值的确定方法

1. 确定强度设计值的基准 γ_R-V_f 曲线

根据木材与木产品的强度变异系数，由所获得的 γ_R-V_f 曲线确定构件的抗力分项系数，再根据式(3-1)即可确定强度设计指标。所确定的强度设计值的可靠度在各种荷载组合及荷载比值条件下，都应符合标准 GB 50153—2008 和标准 GB 50068—2001 的规定，即可靠度指标 β 值应不小于目标可靠度。如前所述，在规定的目标可靠度 β_0 条件下，抗力分项系数除了与变异系数有关，还与荷载组合的种类及活荷载与恒载的比值 ρ 有关。因此，像规范 GBJ 5—88 那样采用平均或加权平均的抗力分项系数的方法，已无法满足可靠度的要求，因为总会有部分荷载组合或荷载

比值 ρ 情况下，构件的实际可靠将低于目标可靠度 β_0。结合可靠度分析的结果，为使构件的可靠度不低于规定的可靠度，对图 3-1～图 3-3 所示的各组曲线，可按恒载与雪荷载组合、$\rho=4.0$ 时的 γ_R-V_f 曲线确定抗力分项系数，因为该曲线所决定的抗力分项系数最大。但这种方法过于保守，在其他荷载组合和荷载比值的情况下，尤其是在强度变异系数较小、荷载作用的变异性起主导作用时，经济性差。而且，雪荷载 $\rho=4.0$ 的情况，只发生于我国的极少数地区。因此，并不宜直接采用这种方法。

为克服上述方法的缺点，建议取恒载与住宅楼面活荷载组合、荷载比值 $\rho=1.0$ 时的 γ_R-V_f 曲线为确定抗力分项系数的基准曲线。规范 GB 50005—2017 中除方木与原木以外的木材与木产品的强度设计指标即基于该基准线给出。

2. 木产品强度设计值调整方法

按所选定的基准线确定木材与木产品的强度设计指标，对于恒载与风荷载或恒载与雪荷载组合的情况，各种荷载比值条件下构件的可靠度均不满足要求；对于恒载与住宅楼面活荷载及恒载与办公楼面活荷载组合的情况，$\rho<1.0$ 时可靠度也不满足要求。为使木构件的可靠度符合要求，需对按该基准线确定的强度设计值进行一定的调整。受拉、受压木构件各荷载组合和荷载比值情况下，曲线间的相对关系与受弯木构件相同，故以受弯木构件为例说明强度调整方法。首先考虑活荷载与恒荷载的比值 $\rho=1.0$ 的情况，由图 3-1(b)可见，由基准线所决定的抗力分项系数与由办公楼面活荷载 $\rho=1.0$ 时所决定的抗力分项系数的平均比值约为 1.06，基准线是偏于安全的。图 3-1(c)则表明，由基准线所决定的抗力分项系数与由雪荷载所决定的抗力分项系数的平均比值约为 0.80，基准线是偏于不安全的，约偏低 20%。图 3-1(d)表明，由基准线所决定的抗力分项系数与由风荷载所决定的抗力分项系数的平均比值约为 0.83，基准线也是偏于不安全的，约偏低 17%。因此，$\rho=1.0$ 时，对于恒载与雪荷载组合的情况，需要将按基准线所确定的强度设计值乘以折减系数 0.80；对于

恒载与风荷载组合的情况，需要将按基准线所确定的强度设计值乘以折减系数 0.83。对于恒载与住宅楼面活荷载及恒载与办公楼面活荷载组合的情况，$\rho > 1.0$ 时由基准线所确定的抗力分项系数或强度设计指标是符合可靠度要求的，不需调整。但 $\rho < 1.0$ 时由基准线所确定的抗力分项系数或强度设计指标，则不符合可靠度要求。具体地，由基准线所确定的抗力分项系数与 $\rho = 0$ 即恒载单独作用时（$\rho = 0$ 时的 γ_R-V_f 曲线为包络线）所确定的抗力分项系数的平均的比值约为 0.83，因此强度设计指标需要根据活荷载与恒荷载的比值在 0.83 和 1.0 之间调整。

根据上述分析，建议由基准线确定木材与木产品的强度设计指标后采取以下调整措施。①对于恒载与风荷载及恒载与雪荷载组合的情况，将按基准线确定的强度设计值乘以 0.83 的调整系数。②对于 $\rho < 1.0$ 的恒载与住宅楼面活荷载及恒载与办公楼面活荷载组合的情况，即恒载产生的内力大于活荷载产生的内力时（$C_G G_k / C_Q Q_k \geqslant 1.0$），将按基准线确定的强度设计值乘以调整系数 K_D，其表达式为

$$K_D = 0.83 + 0.17\rho \leqslant 1.0 \tag{3-14}$$

规范 GB 50005 规定，在恒载单独作用下木材与木产品的强度设计指标应乘以折减系数 0.8。恒载与风荷载及恒载与雪荷载组合情况下调整系数取 0.83，对于 $\rho < 1.0$ 的恒载与住宅楼面活荷载及恒载与办公楼面活荷载组合的情况，调整系数也是基于 0.83 取值。这样在不同的荷载组合情况下，当 ρ 值趋近于 0 时，强度调整系数都将为 0.8×0.83，是协调一致的。如果不这样调整，会出现 ρ 值趋近于 0 时不同荷载组合情况下强度调整系数不相同的现象，从而引起混乱。因此，调整系数取 0.83 是综合考虑各种荷载情况作出的选择。

采取调整措施后，恒载与雪荷载组合和恒载与风荷载组合的情况下（图 3-1c、d），仍有部分荷载比值条件下的强度设计指标不满足可靠度要求。由于恒载与雪荷载组合和恒载与风荷载组合的情况下抗力分项系数随荷载比值 ρ 的变化趋势相反，这种情况一时还难以通过统一的调整措施予以克服。随着雪荷载和风荷载

的统计数据不断完善，这种情况将会得到进一步改善。还需要说明的是，规范中恒载单独作用下的强度调整系数 0.8 是考虑恒载对木材强度更不利的长期作用影响而为之，而调整系数 0.83 是为满足可靠度要求对基准线作出的调整。

3.2.4 按恒载单独作用进行验算的规定

自规范 GBJ 5—73 始，规定对结构用木材的强度设计指标在恒载单独作用下，需乘以降低系数 0.8，且规定当恒载所产生的内力超过全部荷载所产生的内力的 80% 时，即应按恒载单独作用的情况设计。这一规定实际上反映了荷载持续作用效应对木材强度的不利影响，恒载的持续作用时间要比活荷载长，因而在恒载起控制作用时，木材的设计强度需进一步降低。在采用安全系数设计法的时期，这一规定简单易行，即在恒载占总荷载的 80% 以上时，即应按恒载单独作用设计。采用基于可靠度的极限状态设计法，何时应按恒载单独作用的情况设计，尚需合理判断。

首先，建议该规定中的内力应视为内力的设计值。按《建筑结构荷载规范》GB 50009—2012[27] 的规定，承载力极限状态验算中应取下列荷载效应组合中的较大值：

$$S = 1.2G_k + 1.4Q_k \tag{3-15}$$

$$S = 1.35G_k + 1.4\psi_c Q_k \tag{3-16}$$

式中：G_k、Q_k 分别为恒载和活荷载的标准值（式中省略荷载效应系数，故 G_k、Q_k 可视为荷载的标准作用效应）；ψ_c 为组合系数，当可变荷载为风荷载时，取 $\psi_c = 0.6$；当为其他可变荷载时，取 $\psi_c = 0.7$。

设活荷载与恒载的比值为 $\rho = Q_k / G_k$。对于混凝土结构或钢结构，设计时在给定的荷载比值下，只需要对采用式(3-15)还是式(3-16)计算荷载效应设计值作出判断。对木结构，则还需对是否按恒载单独作用进行设计的荷载比值的界限作出判断。

1. 除风荷载外的活荷载作用时（$\psi_c = 0.7$）

应采用式（3-15）还是式（3-16）计算荷载效应，荷载比率 $\rho = Q_k / G_k$ 的界限为：$1.2G_k + 1.4Q_k = 1.35G_k + 1.4 \times 0.7Q_k =$

$1.35G_k+0.98Q_k$，由此得 $\rho=Q_k/G_k=0.357$，即 $\rho=Q_k/G_k>0.357$ 时，应按式（3-15）计算荷载设计值（荷载效应）；当 $\rho=Q_k/G_k\leqslant0.357$ 时，应按式（3-16）计算荷载设计值。

对木结构而言，$\rho=Q_k/G_k\leqslant0.357$ 时，是否应按恒载单独作用设计的荷载比率 $\rho=Q_k/G_k$ 的界限为：$0.8\times(1.35G_k+0.98Q_k)=1.35G_k$，得 $\rho=Q_k/G_k=0.344$，即 $\rho=Q_k/G_k<0.344$ 时，应按恒载单独作用设计，此时荷载设计值取 $S=1.35G_k$，强度设计值乘以降低系数 0.8。应注意到，在界限上，强度降低到 0.8，荷载效应设计值也降低到 0.8，两者调整的程度是一致的，亦即设计条件是连续一致的。

2. 风荷载作用时（$\psi_c=0.6$）

按式（3-15）或式（3-16）计算荷载效应，荷载比率 $\rho=Q_k/G_k$ 的界限为：$1.2+1.4Q_k/G_k=1.35+1.4\times0.6Q_k/G_k$，得 $\rho=Q_k/G_k=0.268$，即 $\rho=Q_k/G_k\leqslant0.268$ 时，应按式（3-16）计算荷载效应。

对木结构而言，$\rho=Q_k/G_k\leqslant0.268$ 时，是否应按恒载单独作用设计的荷载比率 $\rho=Q_k/G_k$ 的界限为：$0.8\times(1.35G_k+0.84Q_k)=1.35G_k$，得 $\rho=Q_k/G_k=0.402$，即 $\rho=Q_k/G_k\leqslant0.402$ 时，即应按恒载单独作用设计。也就是说，风荷载作用时，一旦恒载起控制作用，即应按恒载单独作用设计，此时荷载设计值取 $S=1.35G_k$，强度设计值乘以降低系数 0.8。

3.2.5 木材与木产品的强度标准值和变异系数

木产品的强度标准值和强度变异系数，都是根据试验结果经统计分析得出的，是反映其力学特性的客观指标。由于不同国家和地区的试验方法标准有所不同，采用的强度分布函数和参数估计方法也不尽同，不同国家木结构设计规范所采用的木产品强度标准值（或特征值）的含义也就有所不同。例如足尺试件抗弯试验，北美地区的做法是将影响强度的最不利缺陷所在的截面随机放置，而欧洲则将影响强度的最不利缺陷所在的截面放置于最大弯矩所在区段。

同一种木产品，按北美试验方法所得到的抗弯强度标准值和变异系数都将高于按欧洲试验方法所得的结果。目前尚不存在一种统一的方法，能将不同试验方法间的试验结果调整到同一尺度下衡量。确定规范 GB 50005 中不同地区进口的木产品的强度设计指标，现阶段只能尊重和采用产地国有关规范标准所规定的强度标准值及相应的变异系数，并在设计中按产地国规定的尺寸调整系数调整强度设计指标。

1. 木产品的强度标准值

北美和欧洲地区木产品强度标准值的共同之处，都是根据试验结果按非参数法确定的。北美规格材和北美方木的抗拉、抗压、抗弯强度标准值，可按美国规范 NDSWC-2005[16] 规定的表列强度（Tabulated design value）乘以安全系数计算（拉、弯构件取 2.1，受压构件取 1.9）。欧洲锯材则采用标准 EN 338[22] 规定的抗拉、抗压、抗弯强度标准值。层板胶合木不是进口木产品，其强度标准值由产品标准《结构用集成材》GB/T 26899—2011[28] 或规范 GB/T 50708—2012[6] 给出。

各国规范都在一定的含水率条件下规定木材的强度。规范 NDSWC 和 CSA O86 中木材的基准含水率为 15%，规范 EC 5 为 12%。规范 GB 50005—2003 中方木与原木强度的基准含水率为 12%，在纳入北美和欧洲的木产品时，没有考虑含水率的这种差异，使木产品强度设计值的基准含水率不一致。在纤维饱和点以下，含水率每增加 1%，清材木材的抗弯强度约降低 4%，抗拉强度约降低 2.5%，抗剪强度约降低 3%，抗压强度约降低 5%。规范 GB 50005—2017 修订中，将进口木产品强度的含水率都统一到了 15%，方木与原木的强度设计值未作改动，基准含水率仍为 12%。对进口欧洲锯材的强度标准值，大致参考这种强度随含水率的变化趋势进行了一定的调整（降低）。另一方面，又对欧洲锯材的强度标准值作了一定的提高"调整"（约提高 6%～7%）。原因是足尺试件抗弯试验时，欧洲的试验方法是将最不利缺陷放置于受拉侧，而中国和北美的试验方法是随机放置。这样，对于相同的木产品，中国和北美的试验结果比欧洲的就会高一些。但这种调高的处理方法不尽合理，因为只考虑了欧洲锯材强度值相对于试验方法的提高，而没有考虑到，如果按中国的试验方法，欧洲锯材强度的变异系数也会相应地变大。如果变异系数变大，满足可靠度要求的材料分项系数或抗力分项系数也应该变大。

2. 木产品的强度变异系数

1）北美目测分级规格材

文献［24］根据试验结果，在附录中列出了规格材不同分布函数的统计参数，其中包括对数正态分布的强度平均值和变异系数，将其换算成当量正态分布的强度平均值和变异系数，即为 3.2 节可靠度分析所用的参数。北美规范体系中采用的锯材的强度分布函数为韦伯分布[15,17,29]，强度变异系数 V_w（角标 w 表示服从韦伯分布）可从以下三个方面推定，且相互验证。

（1）直接来自试验结果的强度变异系数

文献［24］附录所列的花旗松-落叶松（DF-L）、铁杉-冷杉（H-F）和云杉-松-冷杉（S-P-F）三种树种或树种组合的规格材（$2'' \times 4''$、$2'' \times 8''$ 和 $2'' \times 10''$）的抗弯强度（Modulus of rupture，MOR）统计结果，按两参数韦伯分布（尾部数据）的形状参数 k 的平均值分别为：$k=4.77(\text{SS})$，$k=4.27(\text{No.2})$，$k=3.65$（No.3）。根据标准 ASTM D 5457[15]，两参数韦伯分布随机变量的变异系数可近似表示为

$$V_w = k^{-0.92} \tag{3-17}$$

按式(3-17)可计算出目测分级规格材与各强度等级对应的强度变异系数分别为：$V_w=0.24(\text{SS})$，$V_w=0.26(\text{No.2})$，$V_w=0.30(\text{No.3})$。

（2）加拿大可靠度分析中所采用的规格材的强度变异系数

加拿大 UBC 的 Foschi 教授等对规格材进行了可靠度分析[29]，以树种分别为 DF、H-F、S-P-F 的规格材受弯构件为例，

其截面尺寸分别为 $2''\times4''$、$2''\times8''$ 和 $2''\times10''$，两参数韦伯分布的形状参数 k 的平均值分别为 4.61(SS)、4.52(No.2) 和 3.28 (No.3)，所采用的变异系数 V_w 的平均值分别为：$V_w=0.25$ (SS)，$V_w=0.25$(No.2)，$V_w=0.35$(No.3)。可见 Foschi 教授等可靠度分析中变异系数的取值更为保守些。

（3）由加拿大规范 CSA O86-01 中的规定强度推定的变异系数

仍以规格材受弯构件为例，加拿大木结构设计规范 CSA O86-01[17] 的强度设计指标按式(3-18)确定。

$$f_b^{CSA}=0.8B_bf_{bk}^{CSA} \tag{3-18}$$

式中：f_b^{CSA} 为规范 CSA O86-01 中规格材的抗弯强度设计值，称为规定强度（Specified strength）；f_{bk}^{CSA} 为规格材抗弯强度标准值，系对截面高度 285mm、跨度 4862mm 而言；常数 0.8 是规范 CSA O86-01 采用的荷载持续作用效应系数，适用于其标准荷载持续时间（Standard term）和干燥使用条件（Dry service condition）；$B_b=1.58-2.18V_w$，称为可靠度校准系数（Reliability normalization factor）。不同材质等级的规格材的强度变异系数不同，按可靠度分析的结果，变异系数较大的规格材需要较大的抗力分项系数。规范 CSA O86-01 中使用抗力系数 ϕ 乘以强度设计值（详见 3.6.4），因此理论上强度变异系数越大抗力系数越小。但规范 CSA O86-01 设计方程中不同材质等级的规格材，实际使用了相同的抗力系数，因此在其规定强度值中引入了可靠度校准系数，其作用是根据木材的强度变异系数调整强度设计指标，使强度设计值在使用相同的抗力系数的条件下达到一致的可靠度。注意，使 $B_b=1.0$ 的变异系数为 $V_w=0.266$。根据规范 CSA O86-01 的规定强度和强度标准值，可由式(3-18)计算可靠度校准系数 B_b，进而推算规范 CSA O86-01 采用的变异系数 V_w。为简明，将规格材的规定强度、强度标准值和系数 B_b 的值列于表 3-7。

规范 CSA O86-01 中规格材的可靠度校准系数 B_b　　表 3-7

树种	等级	f_b^{CSA}	f_{bk}^{CSA*}	f_{bk}^{CSA}	$0.8 f_{bk}^{CSA}$	B_b
	SS	16.50	25.16	20.29	16.23	1.017
DF-L	No.2	10.00	15.64	12.62	10.09	0.991
	No.3	4.60	8.67	6.99	5.59	0.823
	SS	16.00	25.36	20.46	16.37	0.977
H-F	No.2	11.00	18.77	15.14	12.11	0.908
	No.3	7.00	12.39	9.99	8.00	0.875
	SS	16.50	23.16	18.68	14.94	1.104
S-P-F	No.2	11.80	16.92	13.65	10.91	1.082
	No.3	7.00	12.42	10.01	8.01	0.874

注：f_{bk}^{CSA*} 为规格材抗弯强度标准值的试验结果[24]，试验中采用的规格材的截面高度为 184mm（$2'' \times 8''$）、跨度为 3000mm；f_{bk}^{CSA} 为规范 CSA O86-01 采用的规格材的抗弯强度标准值，以截面高度为 285mm（$2'' \times 12''$）、跨度为 4862mm 的规格材为准（跨高比为 17：1）。f_{bk}^{CSA} 由 f_{bk}^{CSA*} 乘以尺寸调整系数 K_Z（$K_Z = (d_c/d_s)^{1/k} (L_c/L_s)^{1/k} = (184/286)^{1/4.3} (3000/4862)^{1/4.3} = 0.8066$，详见文献［24］）而得。

由表 3-7 和式(3-18) 计算获得各等级规格材可靠度校准系数的平均值：$B_b = 1.033$(SS)，$B_b = 0.993$(No.2)，$B_b = 0.857$(No.3)。分别代入 $B_b = 1.58 - 2.18V_w$，得韦伯分布的强度变异系数为：$V_w = 0.25$（SS），$V_w = 0.27$（No.2），$V_w = 0.33$（No.3）。按类似方法，也可推算出受拉、受压构件规格材的强度变异系数。为便于比较，将按上述三种途径所推算的规格材抗弯强度变异系数列于表 3-8。

北美规格材强度变异系数比较　　表 3-8

V_w来源	SS	No.2	No.3
Barrett, J.[24]	0.24	0.26	0.30
Foschi, R. O.[29]	0.25	0.25	0.35
CSA O86-01[17]	0.25	0.27	0.33

由表 3-8 可见，三种根据不同途径确定的强度变异系数基本相同，Foschi 教授等可靠度分析中所采用的变异系数略偏保守。

上述分析表明，对于不同等级的北美规格材，应采用不同的强度变异系数。北美规格材的强度变异系数可采用文献 [24] 所给出的数据，但应符合我国可靠度分析采用的强度分布函数，即对数正态分布所对应的当量正态分布函数的强度变异系数，两者的换算关系参见式(2-9)。经换算，DF-L、H-F 和 S-P-F 三种树种或树种组合规格材强度变异系数的平均值为，SS：V_f（当量正态分布）＝0.335；No.1、No.2：V_f＝0.414；No.3：V_f＝0.540；其他强度等级：V_f＝0.46。

建议规范 GB 50005—2017 中规格材强度变异系数（当量正态分布）的取值为：SS、No.1、No.2：V_f＝0.35（拉、弯），V_f＝0.20（压）；No.3 及其他等级：V_f＝0.45（拉、弯），V_f＝0.20（压）。

2）北美方木

北美方木的强度设计值也是基于清材小试件试验结果确定的，并按标准 ASTM D 245[30] 的规定，经采用考虑不同目测缺陷程度的强度调整系数（强度比）修正后获得。作为结构木材的方木的强度变异系数，将不同于其清材小试件的强度变异系数，但并不能像规格材那样通过大量的足尺试件试验获得。规范 GB 50005—2017 所需要的强度变异系数，也可根据规范 CSA O86-01 中方木的规定强度推算出来。即根据规范 CSA O86-01 中方木的规定强度 f_b^{CSA}，并采用规范 NDSWC-2005[16] 规定的来自加拿大树种的梁、柱木材的强度设计值（树种或树种组合后加 North 表示加拿大），反算其强度标准值，即规范 NDSWC-2005 中的抗弯强度设计值（允许应力）乘以安全系数 2.1 得抗弯强度标准值，再利用式(3-18)（即 $f_b^{CSA}=0.8B_b f_{bk}^{NDS}$）推算其可靠度校准系数，再利用 $B_b=1.58-2.18V_w$ 推算其强度变异系数。根据文献 [24]，因采用的受弯试件的跨度不同等因素，同树种加拿大规格材的抗弯强度标准值是美国规格材的 1.07 倍，推算方木的强度变异系数过程中也将这种情况作为一种可能予以考虑，以便比较。将 DF-L、H-F 和 S-P-F 三种树种或树种组合方木的规定抗弯强度设计值、抗弯强度标准值等列于表 3-9。

规范 CSA O86-01 中方木的可靠度校准系数 B_b　　表 3-9

树种	用途	等级	f_b^{CSA}	f_{bk}^{NDS}	$f_{bk}^{\text{NDS}} \times 1.07$	$0.8 f_{bk}^{\text{NDS}}$	$0.8 f_{bk}^{\text{NDS}} \times 1.07$	B_b	B_b^*
DF-L	梁	SS	19.50	23.17	24.79	18.54	19.83	1.052	0.983
		No.1	15.80	18.83	20.15	15.06	16.12	1.049	0.980
		No.2	9.00	12.67	13.56	10.14	10.85	0.888	0.829
	柱	SS	18.30	21.72	23.24	17.38	18.59	1.053	0.984
		No.1	13.80	17.38	18.60	13.90	14.88	0.993	0.927
		No.2	6.00	10.50	11.24	8.40	8.99	0.714	0.667
H-F	梁	SS	14.50	18.10	19.37	14.48	15.50	1.001	0.935
		No.1	11.70	14.48	15.50	11.58	12.40	1.010	0.944
		No.2	6.70	9.78	10.46	7.82	8.37	0.857	0.800
	柱	SS	13.60	16.66	17.82	13.33	14.26	1.020	0.954
		No.1	10.20	13.40	14.33	10.72	11.46	0.952	0.890
		No.2	4.50	7.96	8.52	6.37	6.82	0.706	0.660
S-P-F	梁	SS	13.60	15.93	17.05	12.74	13.64	1.067	0.997
		No.1	11.00	13.03	13.95	10.42	11.16	1.055	0.986
		No.2	6.30	8.69	9.29	6.95	7.43	0.907	0.848
	柱	SS	12.70	15.21	16.27	12.17	13.02	1.044	0.975
		No.1	9.60	12.31	13.17	9.85	10.53	0.975	0.912
		No.2	4.20	7.24	7.75	5.79	6.20	0.725	0.677

注：B_b^* 为将 $f_{bk}^{\text{NDS}} \times 1.07$ 代入式(3-18)计算得到的可靠度校准系数。

由表 3-9 可见，三种树种或树种组合北美方木的可靠度校准系数 B_b 和强度变异系数的平均值为，SS：$B_b = 1.040(0.971)$，$V_w = 0.25(0.28)$，括号内的数值为按 B_b^* 计算的强度变异系数；No.1：$B_b = 1.006$，$V_w = 0.26(0.29)$；No.2：$B_b = 0.800$ (0.745)，$V_w = 0.36(0.38)$。可见，SS 级和 No.1 级北美方木的强度变异系数与 SS 级规格材相当，No.2 级北美方木的强度变异系数与 No.3 级规格材相当。

根据上述分析，北美方木的强度变异系数（当量正态分布）可参照规格材选取，建议取值为：SS、No.1：$V_f = 0.35$（拉、弯），$V_f = 0.20$（压）；No.2：$V_f = 0.45$（拉、弯），$V_f = 0.20$

（压）。规范 GB 50005—2017 中进口北美方木实际上按清材小试件的强度变异系数确定了强度设计值，这是一个有待于进一步讨论解决的问题。

3）欧洲锯材

根据文献［31，32］，欧洲锯材抗压、抗弯强度的变异系数应取 $V_f = 0.20$；抗拉强度的变异系数应为 $V_f = 0.30 \sim 0.35$。

4）层板胶合木

层板胶合木强度的变异性并非根据大量的试验结果确定，但参考规范 GB/T 50708—2012 和美国规范 NDSWC，胶合木抗拉、抗压、抗弯强度的变异系数均可取 0.15。

5）结构复合木材

旋切板胶合木（LVL）等结构复合木材，尚不是标准的木产品，其力学性能指标取决于不同的生产厂家。设计使用时可根据具体产品的强度标准值和变异系数，按本节介绍的方法确定其强度设计指标。实际上，本节提供了一种确定木产品强度设计指标的通用方法，即只要已知某种木产品的强度标准值和变异系数，就可以先根据由本章可靠度分析获得的 γ_R-V_f 曲线确定其抗力分项系数，再根据式(3-1)确定其强度设计指标。这也正是开展可靠度分析的目的之一。

3. 方木与原木的强度标准值和变异系数

我国的方木与原木是基于清材小试件的试验结果确定强度设计指标的，并未明确给出作为结构木材的方木与原木的强度标准值，但方木与原木的强度标准值可按下述两种方法之一推定。

（1）按规范 GB 50005—2003 规定的方木与原木的强度设计值推定

将规范 GB 50005—2003 所规定的方木与原木的强度设计值和已知的抗力分项系数代入式(3-1)即可获得其强度标准值。以 TC17 为例，其抗弯强度标准值应为 $f_{mk} = 17 \times 1.6/0.72 = 37.8\text{N/mm}^2 \approx 38\text{N/mm}^2$，其中 17 代表抗弯强度设计值，1.6 为抗力分项系数，0.72 为荷载持续作用效应系数；抗压强度标准值应为，A 组 $f_{ck}=16×1.45/0.72=32.2N/mm^2≈32N/mm^2$；B 组 $f_{ck}=15×1.45/0.72=30.2N/mm^2≈30N/mm^2$；抗拉强度标准值应为，A 组 $f_{tk}=10×1.95/0.72=27.1N/mm^2≈27N/mm^2$；B 组 $f_{tk}=9.5×1.95/0.72=25.7N/mm^2≈26N/mm^2$。以此类推，可推算各强度等级的方木与原木的强度标准值。

（2）按方木与原木材质等级的检验标准推定

《木结构工程施工质量验收规范》GB 50206—2012[33] 和规范 GB 50005—2003 都规定了方木与原木清材小试件弦向抗弯强度的检验标准，即要求符合某一强度等级树种木材清材小试件的弦向抗弯强度试验结果的最小值，不低于表 3-10 所列的强度值。这些强度值实际上即为清材小试件弦向抗弯强度的标准值。例如属 TC17 级的东北落叶松（大兴安岭），其清材小试件抗弯强度的平均值为 $110.6N/mm^2$，变异系数为 19.2%[14]，按正态分布计算，其抗弯强度标准值应为 $110.6×(1-1.645×0.192)=75.7N/mm^2$，与表 3-10 中 TC17 等级的对应值大致是相符的。再如属 TC15 级的鱼鳞云杉，其清材小试件抗弯强度平均值为 $75.1N/mm^2$，变异系数为 14.8%[13]，则其抗弯强度标准值应为 $75.1×(1-1.645×0.148)=56.8N/mm^2$，也与表 3-9 中的对应值相符。可见，表 3-10 所列的检验标准即为方木与原木清材小试件弦向抗弯强度的标准值，但应是所在等级所有树种木材根据当时的蓄积量加权平均的结果，并不是某一具体树种木材的强度标准值。因此，按特定树种所计算的强度标准值与表 3-10 所列的值存在一定差异。

方木与原木强度检验标准　　表 3-10

木材种类	针叶材				阔叶材				
强度等级	TC11	TC13	TC15	TC17	TB11	TB13	TB15	TB17	TB20
最低强度(N/mm²)	44	51	58	72	58	68	78	88	98

将表 3-10 中清材小试件的强度标准值乘以表 3-1 中的各种

强度影响系数的均值，即可获得某一等级方木与原木（结构木材）的抗弯强度标准值。仍以强度等级为 TC17 的结构木材为例，其抗弯强度标准值应为 $f_{mk} = 72 \times K_A K_P K_{Q1} K_{Q2} K_{Q4} = 72 \times 0.94 \times 1.0 \times 0.75 \times 0.85 \times 0.89 = 38.4 \text{N/mm}^2$（标准值系短期强度，故不考虑荷载持续作用效应系数 K_{Q3}）。至于受压构件，其清材小试件的强度检验标准（特征值）仍可从《木结构工程施工及验收规范》GBJ 206—83[34] 查得，为 40N/mm^2（400kg/cm^2），则方木与原木的抗压强度标准值应为 $f_{ck} = 40 \times K_A K_P K_{Q1} K_{Q2} K_{Q4} = 40 \times 0.96 \times 1.0 \times 0.80 \times 1.0 \times 1.0 = 30.7 \text{N/mm}^2$。

按上述两种方法，所推算的 TC17 级结构木材的抗弯强度标准值分别为 $f_{mk} = 37.8 \text{N/mm}^2$、$38.4 \text{N/mm}^2$；抗压强度标准值分别为 $f_{ck} = 32.2 \text{N/mm}^2$、$30.7 \text{N/mm}^2$，两种方法的推算结果基本相同。规范 GB 50005—2017 给出的方木与原木的强度标准值，就是按其强度设计值推定的，但后一种方法不失为前一种方法的验证。

方木与原木的强度变异系数可以将影响其结构木材强度的各因素视为互相独立的随机变量推算出来。以东北落叶松（大兴安岭）为例，清材小试件抗弯强度的变异系数为 $V_{cf} = 19.2\%$，则根据表 3-1，方木与原木抗弯强度的变异系数（不计 V_A、V_P、V_{Q3}）约为

$$V_f = \sqrt{V_{Q1}^2 + V_{Q2}^2 + V_{Q4}^2 + V_{cf}^2} = \sqrt{0.16^2 + 0.04^2 + 0.06^2 + 0.192^2} \approx 0.25$$

按同样方法，可以计算出方木与原木抗拉、抗压、抗剪强度的变异系数。最终可算得方木与原木的强度变异系数约为0.20~0.35。

我国方木与原木已经过目测定级，分为 3 个材质等级。更科学合理的做法是在这 3 个材质等级的基础上，对方木与原木进行应力定级，即确定其对应 3 个材质等级的强度指标。这样就使方木与原木成为一种现代木产品了。

3.2.6　各类木产品的抗力分项系数

根据上述木产品的强度变异系数，即可分别由受拉、受压和

受弯构件的基准 γ_R-V_f 曲线确定木产品的抗力分项系数，进而确定强度设计值。按此方法确定的已知强度变异系数的各类木产品的抗力分项系数，列于表3-11。

各类木产品构件的抗力分项系数 γ_R（设计年限50年） 表3-11

木材种类	目测规格材 No.2及以上级		目测规格材 No.3及以下级		目测规格材	机械规格材			北美方木 SS、No.1级	
	拉	弯	拉	弯	压	拉	弯	压	拉	弯
变异系数 V_R	0.35	0.35	0.45	0.45	0.20	0.25	0.25	0.20	0.35	0.35
γ_R 一级 $\gamma_{R,1}$	1.82	1.51	2.21	1.76	1.24	1.53	1.33	1.24	1.82	1.51
二级 $\gamma_{R,2}$	1.50	1.25	1.74	1.40	1.09	1.31	1.13	1.09	1.50	1.25
三级 $\gamma_{R,3}$	1.24	1.04	1.39	1.11	0.95	1.13	0.98	0.95	1.24	1.04
延性 $\gamma_{R,1}/\gamma_{R,2}$	—	1.21	—	1.26	1.14	—	1.18	1.14	—	1.21
延性 $\gamma_{R,3}/\gamma_{R,2}$	—	0.83	—	0.79	0.87	—	0.87	0.87	—	0.83
脆性 $\gamma_{R,1}/\gamma_{R,2}$	1.21	—	1.27	—	—	1.17	—	—	1.21	—
脆性 $\gamma_{R,3}/\gamma_{R,2}$	0.83	—	0.80	—	—	0.86	—	—	0.83	—

木材种类	北美方木 No.2级		北美方木	欧洲锯材			胶合木		
	拉	弯	压	拉	弯	压	拉	弯	压
变异系数 V_R	0.45	0.45	0.20	0.35	0.20	0.20	0.15	0.15	0.15
γ_R 一级 $\gamma_{R,1}$	2.21	1.76	1.24	1.82	1.25	1.24	1.35	1.21	1.20
二级 $\gamma_{R,2}$	1.74	1.40	1.09	1.50	1.10	1.09	1.20	1.07	1.06
三级 $\gamma_{R,3}$	1.39	1.11	0.95	1.24	0.96	0.95	1.06	0.95	0.94
延性 $\gamma_{R,1}/\gamma_{R,2}$	—	1.26	1.14	—	1.14	1.14	—	1.13	1.13
延性 $\gamma_{R,3}/\gamma_{R,2}$	—	0.79	0.87	—	0.87	0.87	—	0.89	0.89
脆性 $\gamma_{R,1}/\gamma_{R,2}$	1.27	—	—	1.21	—	—	1.13	—	—
脆性 $\gamma_{R,3}/\gamma_{R,2}$	0.80	—	—	0.83	—	—	0.88	—	—

注：$\gamma_{R,1}$、$\gamma_{R,2}$、$\gamma_{R,3}$ 分别为与一级、二级、三级安全等级对应的抗力分项系数。

3.3 不同安全等级木结构的抗力分项系数

我国各类结构材料的强度设计指标是基于安全等级为二级、设计使用年限为50年的建筑结构的可靠性要求给出的。

对于不同安全等级或不同设计使用年限的建筑结构，需要在设计方程中将荷载效应乘以结构重要性系数 γ_0。该系数实际上起到了调整强度设计指标的作用，从而使设计符合对应安全等级的可靠度要求。考虑破坏性质，对应不同安全等级的目标可靠度指标分别为 $\beta_0 = 2.7$、3.2、3.7、4.2，即安全等级为三级的结构，发生延性破坏形式的目标可靠度为 2.7，发生脆性破坏形式的目标可靠度为 3.2。每提高一个安全等级，目标可靠度提高 0.5。显然，安全等级越高，所需要的抗力分项系数越大，反之亦然。这种关系可由图 3-4 清楚地显示出来。

图 3-4 所示为设计使用年限为 50 年的受弯、受拉木构件对应不同安全等级的 γ_R-V_f 曲线，受压构件也存在类似趋势，不一一列出。根据图 3-4 可得到各类木产品构件在拉、压、弯受力情况下对应不同安全等级的抗力分项系数，亦列于表 3-11，表中同时列出了一级和三级安全等级结构与二级安全等级结构间抗力分项系数的比值，该比值实际上代表着结构重要性系数 γ_0。由表 3-11 可以看出，对于安全等级为一级的木结构相对于安全等级为二级的木结构而言，延性破坏时各类木构件抗力分项系数的比值（$\gamma_0 = \gamma_{R,1}/\gamma_{R,2}$）介于 1.13（$V_f = 0.15$）与 1.26（$V_f = 0.45$）之间，平均值为 1.17；脆性破坏时抗力分项系数的比值（$\gamma_0 = \gamma_{R,1}/\gamma_{R,2}$）介于 1.13 与 1.27 之间，平均值为 1.21；延性破坏与脆性破坏所对应的抗力分项系数比值的平均值为 1.19。对于安全等级为三级的木结构相对于安全等级为二级的木结构而言，延性破坏时各类木构件抗力分项系数的比值（$\gamma_0 = \gamma_{R,3}/\gamma_{R,2}$）介于 0.79（$V_f = 0.45$）与 0.89（$V_f = 0.15$）之间，平均值为 0.85；脆性破坏时抗力分项系数的比值（$\gamma_0 = \gamma_{R,3}/\gamma_{R,2}$）介于 0.80 与 0.88 之间，平均值为 0.83；延性破坏与脆性破坏所对应抗力分项系数比值的平均值为 0.84。

在标准 GB 50068—2001 规定的基础上，规范 GB 50005—

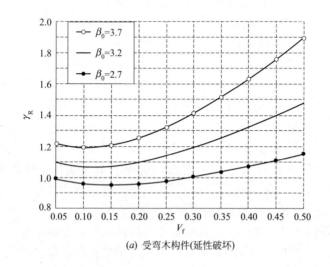

(a) 受弯木构件(延性破坏)

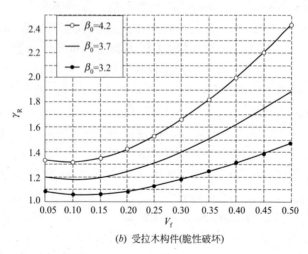

(b) 受拉木构件(脆性破坏)

图 3-4 不同安全等级条件下木构件的 γ_R-V_f 曲线：

恒载＋居住楼面活荷载，$\rho=1.0$。

2003 对木结构的结构重要性系数 γ_0 的规定为：①安全等级为一级或设计使用年限为 100 年及以上的结构构件，不应小于 1.1；

安全等级为一级且设计使用年限又超过 100 年的结构构件，不应小于 1.2；②安全等级为二级或设计使用年限为 50 年的结构构件，不应小于 1.0；③安全等级为三级或设计使用年限为 5 年的结构构件，不应小于 0.9；对设计使用年限为 25 年的结构构件，不应小于 0.95。简言之，对于设计使用年限为 50 年的建筑结构，所规定的三个安全等级的结构重要性系数分别为 $\gamma_0 = 1.1$、$\gamma_0 = 1.0$ 和 $\gamma_0 = 0.9$。结合表 3-11 及上述关于抗力分项系数的比值的分析可以发现，对于强度变异系数不超过 0.20 的木产品，抗力分项系数的比值（$\gamma_{R,1}/\gamma_{R,2} = 1.13$、1.14，$\gamma_{R,3}/\gamma_{R,2} = 0.88$、0.89）与所规定的结构重要性系数（$\gamma_0 = 1.1 \sim 0.9$）是基本相符的。但随着强度变异系数的增大，抗力分项系数的比值与所规定的结构重要性系数的差异会逐渐增大。抗力分项系数比值与强度变异系数的这种关系特点为木结构的安全设计提供了两种选择。一是为符合标准 GB 50068—2001 和标准 GB 50153—2008 关于结构重要性系数的规定，强度变异系数 V_f 不超过 0.20 的木产品（即胶合木和结构复合木材）方可用于安全等级为一级的木结构。另一选择是，木结构的结构重要性系数似乎需要较 $\gamma_0 = 0.9 \sim 1.1$ 范围更宽的值，本节关于抗力分项系数比值的分析取值范围宜为 $\gamma_0 = 0.8 \sim 1.2$（四舍五入取至小数点后 1 位数）。目前更现实的做法应该是第一种选择，因为这种选择并不与标准 GB 50068 的规定冲突。另外，规范 GB 50005—2003 关于结构重要性系数"安全等级为一级且设计使用年限又超过 100 的结构构件，不应小于 1.2；对设计使用年限为 25 年的结构构件，不应小于 0.95"的规定，似乎是反映了木结构的一个主要特点，即木材的强度随荷载持续作用时间的增加而降低，但规范 GB 50005—2003 同时又作出了根据设计使用年限调整木材强度设计值的强制性规定（4.2.1 条）。既然已经根据设计使用年限对木材的强度设计值进行了调整，针对使用年限对结构重要性系数的补充规定就显得重复而无必要了。

3.4 抗剪强度、横纹承压与横纹抗拉强度

3.4.1 抗剪强度

与抗拉、抗压和抗弯强度有所不同，各国规范中木产品的抗剪强度仍主要根据清材小试件试验结果确定，因此结构木材抗剪强度的变异系数并无足够的试验数据可供参考。各类缺陷对结构木材抗剪强度的影响机理也不同于抗拉、抗压和抗弯强度。不难理解，木节、斜纹等缺陷对抗剪强度的不利影响有限，甚至可能产生有利影响，而裂缝等缺陷的影响最为不利。因此规范 GB 50005—2003 确定方木与原木的抗剪强度时并不考虑天然缺陷的影响，而对干燥缺陷的影响的考虑在各受力形式中最为严重。这些原因使得抗剪强度设计值主要与木材的树种或树种组合有关，而与木材的材质等级基本无关，这一点也可从规范 NDSWC—2005、规范 EC 5 和规范 GB 50005—2003 中关于木产品的抗剪强度设计值的规定上得以证实。结构木材抗剪强度的变异系数，可参考规范 GBJ 5—88 可靠度分析中由清材小试件强度变异系数推算结构木材强度变异系数的方法确定，但应不计 V_A、V_P、V_{Q_1}、V_{Q_3}，即

$$V_f = \sqrt{V_{Q_2}^2 + V_{Q_4}^2 + V_{cf}^2} \tag{3-19}$$

式中各参数的意义和数值见表 3-1。利用式(3-19) 计算北美和欧洲锯材的抗剪强度的变异系数。参考标准 ASTM D 2555[35]，清材小试件抗剪强度的变异系数可取 $V_{cf} = 0.14$。该值是美国约 50 个树种木材试验结果的平均值，且与我国木材试验结果的平均值[14]基本相符。将有关的参数值代入式(3-19)，算得结构木材抗剪强度的变异系数约为 0.18。

以花旗松-落叶松规格材为例，由美国规范 NDSWC-2005 其各等级规格材的抗剪强度设计值为 $f_v^{NDS} = 180/145 = 1.24 \text{N/mm}^2$ （各等级强度相同），其强度标准值应为 $f_{vk}^{NDS} = 1.24 \text{N/}$

$mm^2 \times 2.1 = 2.60 N/mm^2$。虽然没有进行受剪构件的可靠度分析，但受剪破坏属于脆性破坏，其抗力分项系数与受拉构件近似相同，正如规范 NDSWC-2005 中的受拉、受剪构件安全系数相同。故可近似根据受拉构件可靠度分析的 γ_R-V_f 曲线，获得对应变异系数 $V_f = 0.18$ 的抗力分项系数为 $\gamma_R = 1.25$。再根据式 (3-1)，花旗松-落叶松规格材在规范 GB 50005 中的抗剪强度设计值应为 $f_v^{GB5} = 2.60 \times 0.72/1.25 = 1.50 N/mm^2$。该值与规范 GB 50005 中花旗松-落叶松方木与原木的抗剪强度设计值 (TC15A，$1.6 N/mm^2$) 几乎完全相同，说明这种处理方法是合理的。规范 GB 50005—2017 中花旗松-落叶松规格材的抗剪强度设计值为 $1.7 N/mm^2$，是根据清材小试件的抗剪强度变异系数确定的。

木产品的抗剪强度在近期的某些外国规范中，其处理方法和含义有所变动，且构件受剪的设计方法也随之有所调整。例如欧洲规范 EC 5，所采用的各等级针叶锯材的抗剪强度标准值，由标准 EN 338：2003[22] 到标准 EN 338：2009[36] 提高为原有值的 1.05～1.76 倍不等，而修订中的 EC 5 在设计方法中对锯材和胶合木受弯构件抗剪承载力验算中，新规定对受剪面的宽度需乘以系数 0.67，得到的是有效宽度，目的是考虑木材裂缝对抗剪承载力的影响。对锯材和胶合木而言，抗剪设计的可靠度实际上没有多大改变。这样处理的目的只是为了使锯材和胶合木与结构复合木材的抗剪强度指标在理论上处于相同水平，即在不考虑裂缝的情况下与相同树种的结构复合木材的抗剪强度是近似相同的。工程应用上，锯材较结构复合木材更易产生裂缝，故设计中考虑裂缝的影响将其强度设计值再予以降低。再例如美国规范 ND-SWC-2005 中所采用的锯材抗剪强度设计值是规范 NDSWC-1997 的两倍。规范 NDSWC-2005 设计时不再考虑裂缝的影响，而规范 NDSWC-1997 中锯材的抗剪强度设计值则是考虑了裂缝的最严重影响给出的，在设计中规定抗剪强度应根据裂缝的具体情况乘以一个大于 1.0 的系数予以调整，无裂缝时的调整系数为

2.0。规范 NDSWC-2005 实际上提高了锯材的抗剪强度设计值。

3.4.2 横纹承压强度

木材的横纹承压强度和横纹抗拉强度，都以清材小试件试验结果作为确定设计指标的依据，木材的各类缺陷对其影响较小，取值主要取决于木材的树种或树种组合，所以与强度等级关系同样不大。相对于抗拉、抗压和抗弯强度而言，该两项强度指标并不那么引人关注，尽管横纹抗拉强度在有的构件中可能起控制作用。Madsen 教授将木材的横纹承压强度和横纹抗拉强度称为"灰姑娘式"的力学性能（Cinderella properties）[37]。但在规范 GB 50005 中处理好木产品的横纹承压强度和横纹抗拉强度，具有重要意义。有关国家和地区的木结构设计规范中木材横纹承压强度的试验方法有所不同，其含义也就有所不同。这里有必要对规范 GB 50005—2003、美国规范 NDSWC-2005 和欧洲规范 EC 5 中的横纹承压强度作一比较和解释。

规范 GB 50005—2003 中方木与原木的横纹承压强度采用局部横纹承压试验的方法确定，标准试件的尺寸为 120mm × 120mm × 360mm（该尺寸其实难称为小试件），试件中部 120mm×120mm 的一段为局部承压面积[38]，以比例极限对应的荷载为屈服荷载，且认为荷载持续作用效应系数适用于横纹承压强度。木材的横纹承压强度设计值以三种情况给出，即全表面、局部表面和拉力螺栓垫板下的横纹承压强度，之间的比值为 1.0：1.5：2.0，其中局部表面受压强度对应于试验方法规定的受力方式。美国规范 NDSWC 中木材的横纹承压强度也采用局部横纹承压试验获得，按标准 ASTM D 143[39] 的规定，标准试件的尺寸为 50mm×50mm×150mm，试件局部承压面为中部 50×50mm 的一段。但与规范 GB 50005—2003 中的方木与原木的最大区别在于，美国规范 NDSWC 认为横纹承压不存在强度破坏问题，构件设计只是一个控制变形的问题，故以标准试件承压变形达到 1mm（0.04″）时对应的荷载为屈服荷载。由此获得的横纹承压强度，远高于规范 GB 50005—2003 所采用试验方法的强度值。由于将木材横纹承压归结为变形控制，且美国规范 NDSWC 认为荷载持续作用效应只影响木材的强度，不影响弹性模量，故其横纹承压强度不考虑荷载持续作用效应的影响，取试验结果的平均值而不是标准值。由于存在这些不同之处，美国规范 NDSWC 和规范 GB 50005—2003 中的横纹承压强度实际上是不能通过 3.2.1 节中的软转换法互相换算的。欧洲规范 EC 5 中的横纹承压强度则根据全表面横纹承压试验结果确定[40]，标准试件的尺寸为 45mm×70mm×90mm，以比例极限对应的荷载为屈服荷载。另外，规范 GB 50005—2003 中方木与原木的横纹承压强度在设计时按全表面、局部表面或拉力螺栓垫板下的局部承压三种取值即可，而美国规范 NDSWC 和欧洲规范 EC 5 在设计时都视局部承压的程度（承压面的大小）予以调整。从美国规范 NDSWC 的设计方程看，结构木材的横纹承压强度设计值其实是按全表面横纹承压给出的。

规范 GB 50005 纳入了欧洲锯材和北美规格材及方木，应使来自于不同国家和地区的木产品遵从相同的设计原则和设计方法，最合适的办法是将横纹承压强度设计指标统一到规范 GB 50005 采用的试验方法基础之上，尽管这并不是唯一的选择。对北美规格材和方木，可经如下步骤实现这种统一：①由美国规范 NDSWC 的横纹承压强度设计值乘以安全系数 1.67，得强度平均值 f_{c90}。②由强度平均值按正态分布计算横纹承压强度标准值，即 $f_{c90k}=f_{c90}(1-1.645V_f)$，其中 V_f 为横纹承压强度的变异系数。该变异系数的变化范围较大，参考文献 [4]，$V_f \approx 0.15 \sim 0.25$；按标准 ASTM D 2555，$V_f \approx 0.28$。③参考标准 ASTM D 2555[35]，将按变形控制的强度标准值换算为按比例极限控制的强度标准值，两者的关系为

$$f_{c90k}^{1.0}=0.293+1.589f_{c90k}^{P} \tag{3-20}$$

式中：$f_{c90k}^{1.0}$、f_{c90k}^{P} 分别为按承压变形为 1mm 和按强度比例极限确定的强度指标。④考虑试验试件尺寸的差异，将按式（3-20）

算得的按比例极限控制的强度标准值乘以尺寸效应系数，其值近似取为 0.9[38]。⑤强度变异系数可取 $V_f = 0.20$，近似地根据可靠度分析的受压构件的 γ_R-V_f 曲线确定抗力分项系数 γ_R，按式（3-1）确定全表面横纹承压强度设计值。⑥按 1.0：1.5：2.0 的比例确定局部表面承压和受拉螺栓垫板下局部承压的强度设计指标。仍以花旗松-落叶松规格材为例，根据美国规范 NDSWC-2005，其各等级规格材的横纹承压强度设计值为 $f_{c90}^{NDS} = 625/145 = 4.31 N/mm^2$（各等级强度相同），其强度平均值应为 $f_{c90mean}^{NDS} = 4.31 N/mm^2 \times 1.67 = 7.20 N/mm^2$。强度标准值应为 $f_{c90k}^{NDS} = 7.20 \times (1 - 1.645 \times 0.20) = 4.83 N/mm^2$。该值是由变形控制的横纹承压强度标准值，将其代入式（3-20）并考虑设计尺寸差异，得适用于规范 GB 50005 的按比例极限控制的强度标准值为 $f_{c90k}^{NDS} = (4.83 - 0.293) \times 0.9/1.589 = 2.57 N/mm^2$。按受压构件的 γ_R-V_f 曲线或表 3-11，获得与 $V_f = 0.20$ 对应的抗力分项系数约为 $\gamma_R = 1.09$。根据式（3-1），适用于规范 GB 50005 的全表面横纹承压强度设计值应为 $f_{c90k}^{NDS} = 2.57 \times 0.72/1.09 = 1.70 N/mm^2$。规范 GB 50005 中花旗松-落叶松方木与原木的对应值为 2.1 N/mm²（TC15A），两者约差 20%。显然，这种确定木材横纹承压强度的方法仍需研究改进。但规范 GB 50005—2017 中北美花旗松-落叶松方木的横纹承压强度设计值为 6.5 N/mm²，花旗松-落叶松规格材的横纹承压强度设计值为 7.2 N/mm²，都是按变形控制的强度设计指标，不能与规范中原有的横纹承压强度的含义相提并论。

当然，将规范 GB 50005 中的木材的横纹承压强度统一到与方木与原木一致的基础上，并非唯一选择。还可以统一到北美锯材的模式上，也可以统一到欧洲锯材的模式上。关键在于统一，而不应在同一规范中将基于不同的试验方法和设计方法的横纹承压强度指标混用。规范 GB 50005—2017 中北美锯材、欧洲锯材、层板胶合木的横纹承压强度设计值尚未实现这种统一。

3.4.3 横纹抗拉强度

直到规范 GB 50005—2003，尚未涉及木材的横纹抗拉强度问题，因为木材横纹受拉在工程中原则上应予避免。但胶合木弧形受弯构件会产生横纹拉应力，且有时会对承载力起控制作用。所以尽管国内外目前尚普遍缺乏木材横纹抗拉强度的充足试验数据，规范中还是需要对横纹受拉强度作出规定。美国规范 NDSWC 只要求验算胶合木弧形受弯构件由横纹抗拉强度控制的承载力，且简单规定横纹抗拉强度取木材顺纹抗剪强度的 1/3，称为径向抗拉强度（Radial tension design value），取沿构件曲率半径方向之意。欧洲标准 EN 338-2009[36] 对所有强度等级的针叶树种锯材的横纹抗拉强度标准值统一取为 0.4MPa，约为抗剪强度标准值的 1/8~1/10。欧洲标准 EN 1194-1999[41] 规定的胶合木的横纹抗拉强度标准值，约为顺纹抗剪强度的 1/7。相对地看，欧洲标准对木材横纹抗拉强度的取值比美国规范更保守些。

考虑到我国主要从北美进口锯材，建议规范 GB 50005 可参考美国规范 NDSWC 的处理方法，将胶合木横纹抗拉强度设计值取抗剪强度的 1/3。实际上，规范 GB/T 50708—2012 对胶合木的横纹抗拉强度已经作出了这种规定。

3.5 剪力墙与横隔的抗剪强度

轻型木结构剪力墙与横隔的工作性能主要取决于覆面板与木骨架间钉连接的工作性能，试验获得的剪力墙的工作曲线也与钉连接类似。规范 GB 50005—2003 中剪力墙与横隔的抗剪强度设计值是由加拿大规范 CSA O86-01 中剪力墙与横隔的抗剪强度设计值换算而来的。限于修订的时间和其他因素，规范 GB 50005—2017 仍沿用了规范 GB 50005—2003 中的设计值。规范 GB 50005—2003 中剪力墙与横隔的抗剪强度设计值的换算过程如下。

规范 GB 50005 的设计方程为

$$f_v^{GB5} l_w = 1.2G_k + 1.4Q_k \quad (3-21)$$

式中：f_v^{GB5} 为规范 GB 50005—2003 中剪力墙或横隔的抗剪强度设计值；l_w 为剪力墙的宽度。

规范 CSA O86-01 的设计方程为

$$\phi f_v^{CSA} l_w = 1.25G_k + 1.5Q_k \quad (3-22)$$

式中：f_v^{CSA} 为规范 CSA O86-01 中剪力墙或横隔的抗剪强度设计值；ϕ 称为抗力系数（Resistance factor），是反映构件强度的不定性及构件破坏形式及后果的一个设计参数，对剪力墙和横隔，取 $\phi = 0.7$。

按软转换方法，在相同的荷载条件下（相同的 G_k、Q_k）分别按两规范设计所得到的构件的截面尺寸相同，且取 $Q_k = 3G_k$，联立式(3-21)、式(3-22) 得

$$f_v^{GB5} = 0.657 f_v^{CSA} \quad (3-23)$$

将加拿大规范 CSA O86-01 中剪力墙或横隔的抗剪强度设计值乘以系数 0.657，即得规范 GB 50005—2003 中的强度设计值。

由于剪力墙与横隔的工作性能主要取决于覆面板与木骨架间钉连接的工作性能，所以其抗剪强度设计值可由钉连接的承载力设计值除以钉间距得到。最新的加拿大规范 CSA O86-14[42] 已经采用了这种方法。这也说明，如果通过剪力墙与横隔的可靠度分析确定其抗剪强度设计值，可以从分析其钉连接的可靠度入手。

规范 GB 50005—2003 规定：剪力墙与横隔的抗剪强度设计值尚需考虑三个影响因素，即乘以 3 个强度调整系数 k_1、k_2、k_3（横隔只考虑前 2 个系数）。k_1 为"木基结构板"含水率调整系数，含水率 $w \leqslant 16\%$，$k_1 = 1.0$，$16\% < w \leqslant 20\%$，$k_1 = 0.75$；k_2 为树种调整系数，花旗松-落叶松及南方松，$k_2 = 1.0$，铁杉-冷杉类，$k_2 = 0.9$，云杉-松-冷杉类，$k_2 = 0.8$，其他北美树种 $k_2 = 0.7$；k_3 为覆面板水平铺钉时有、无横撑的调整系数，根据钉

间距和墙骨间距，取 0.4～1.0 不等[4]。但这些调整系数取值的正确性尚需探讨。

强度调整系数 k_1 在规范 CSA O86-01 中的本意并不是"木基结构板"含水率调整系数，而是使用条件系数（Service condition factor），与剪力墙与横隔的使用条件（干、湿，详见 3.6 节）和制作时骨架材料，即规格材的含水率有关（Condition of lumber when fabricated）。如果构件制作时规格材的含水率 $w \leqslant 15\%$（干材，以 15%而不是 16%为标准），在干燥条件下使用，$k_1 = 1.0$，在潮湿条件下使用 $k_1 = 0.67$；如果构件制作时规格材的含水率 $w > 15\%$，在干燥条件下使用，$k_1 = 0.8$，在潮湿条件下使用 $k_1 = 0.67$。对于剪力墙而言，规范 CSA O86-01 还需考虑锚固件（Hold-down）的影响系数（J_{hd}）。只有在倾覆力完全由锚固件承担时，该系数才取为 $J_{hd} = 1.0$，否则都将按计算取小于 1.0 的值。

最后，规范 CSA O86-01 中剪力墙与横隔的抗剪强度设计值中含有荷载持续作用效应系数 0.8，而规范 GB 50005—2003 采用的 K_{DOL} 应为 0.72，上述换算过程没有考虑两规范间的这种差异，也是一种疏漏。规范 CSA O86-01 将地震和风荷载视为短期作用，在地震和风荷载作用下剪力墙与横隔的抗剪强度设计值乘以调整系数 $K_D = 1.15$，相当于取荷载持续作用效应系数 $K_{DOL} = 0.92$。总之，如何按我国的可靠度要求确定规范 GB 50005 中剪力墙与横隔的抗剪强度设计值，仍是一个有待合理解决的问题。

3.6 各国规范中木材强度设计值的调整方法-比较与讨论

各国木结构设计规范中，所规定或采用的木材的强度设计指标无一例外的都是基于一种"标准"或"正常"条件给出的，设计时需要根据具体条件，对强度设计值作出调整，使符合实际情况。调整的内容主要包括结构的使用条件（温、湿度条件）、设计使用年限、荷载种类等。这是木结构设计的一个显著特点。

3.6.1 规范 GB 50005—2003

规范 GB 50005—2003 采用基于可靠度的极限状态设计法，设计基准期为 50 年，木材和木产品的强度设计值在含水率为 12% 条件下，基于结构安全等级为二级的可靠度要求直接在规范中给出，内含的荷载持续作用效应系数为 0.72。没有明确说明何谓标准条件，但在几种特殊条件下需要对木材与木产品的强度设计值进行调整。以锯材受弯构件为例（本节下同），承载力极限状态下的设计方程为

$$\frac{M}{W} \leqslant f_\mathrm{m} \tag{3-24}$$

式中：$M = 1.2 C_\mathrm{G} G_\mathrm{k} + 1.4 C_\mathrm{Q} Q_\mathrm{k}$，为弯矩设计值，其中 C_G、C_Q 分别为恒载和活荷载的效应系数，荷载分项系数按恒载与 1 个活荷载的基本组合给出（本节下同）；W 为受弯构件的抗弯截面模量；f_m 为抗弯强度设计值。规范 GB 50005—2003 规定，应根据木结构的使用条件和设计使用年限将强度设计值乘以强度调整系数，为简明，表示为

$$f'_\mathrm{m} = f_\mathrm{m} C_1 C_2 \tag{3-25}$$

式中：C_1 为使用条件调整系数；C_2 为设计使用年限调整系数。

C_1 的具体取值规定为：$C_1 = 0.9$（露天环境），$C_1 = 0.8$（长期生产性高温环境），$C_1 = 0.8$（按恒载验算时），$C_1 = 0.9$（用于木构筑物时），$C_1 = 1.2$（施工和维修荷载）。当多种条件并存时，各数值连乘。C_2 的具体取值规定为：$C_2 = 1.1$（5 年），$C_2 = 1.05$（25 年），$C_2 = 1.0$（50 年），$C_2 = 0.9$（100 年及以上）。这些系数的采用，实际反映的是温、湿度和荷载持续作用效应对木材强度的影响。按恒载验算（恒载产生的内力达到全部荷载内力的 80% 以上时，即按恒载单独作用验算）以及施工和维修荷载条件下设计时的系数 C_1 与系数 C_2 反映的都是荷载持续

作用效应对木材强度的影响。

规范 GB 50005 认为锯切对截面大的方木纤维的损伤程度小，故规定对于截面短边大于 150mm 的锯材（方木），其强度设计值可提高 10%。这种调整方法与欧美国家规范的做法是不同的。

3.6.2 规范 NDSWC-2005

美国规范 NDSWC-2005 同时采用允许应力设计法（Allowable stress design，ASD）和荷载与抗力系数设计法（Load and resistance factors design，LRFD），LRFD 其实就是分项系数法。两种设计方法并存于同一规范，是一种独特的情况。设计基准期为 50 年，以补充手册的形式给出各类木材与木产品的允许应力，系由木材的强度标准值除以与各种受力形式对应的安全系数获得，称为表列强度（Tabulated design value）。强度设计值的基准含水率为 15%，内含的荷载持续作用效应系数为 0.625，适用于恒载与住宅楼面荷载组合的情况，相当于 50 年内活荷载的累计持续时间为 10 年。采用 LRFD 设计法时，强度设计值由允许应力乘以形式转换系数（Format conversion factor-K_F）获得。尽管 LRFD 法本身符合可靠度设计理论，其理论基础体现在标准 ASTM D 5457 中，但同一规范中两种方法并用，且 LRFD 法的强度设计值由 ASD 法的允许应力换算而得，使规范 NDSWC-2005 中的 LRFD 法形式上披着可靠度的外衣，本质上仍是一种允许应力设计法。设计方程为

$$f_b = \frac{M}{S} \leqslant F_b' \tag{3-26}$$

式中：f_b 为弯曲正应力；S 为抗弯截面模量；M 为弯矩设计值，$M = C_G G_k + C_Q Q_k$（ASD），$M = 1.2 C_G G_k + 1.6 C_Q Q_k$（LRFD）；$F_b'$ 为经调整的木材抗弯强度设计值。调整方法为

$$F_b' = F_b \times C_D C_M C_t C_L C_F C_{fu} C_i C_r \quad \text{(ASD)} \tag{3-27}$$

$$F_b' = F_b \times C_M C_t C_L C_F C_{fu} C_i C_r K_F \phi_b \lambda \quad \text{(LRFD)} \tag{3-28}$$

式中：F_b 为锯材的基准抗弯强度设计值（Reference design value），即表列强度，由规范补充手册按 ASD 法给出，内含荷载持续作用效应系数 $K_{DOL}=0.625$；C_D（仅用于 ASD）为荷载持续作用效应调整系数；C_M 为潮湿使用条件系数；C_t 为温度系数；C_L 为侧向稳定系数；C_F 为尺寸系数；C_{fu} 为平置抗弯系数；C_i 为刻痕系数；C_r 为构件重复系数；K_F（仅用于 LRFD）为形式转换系数；ϕ_b 为抗力系数（Resistance factor，仅用于 LRFD）；λ 为时间效应系数（Time effect factor，仅用于 LRFD）。

调整系数 C_D 与内含的荷载持续作用效应系数 0.625 合在一起才代表某种荷载对木材强度的持久影响。虽然美国规范 NDSWC-2005 中称之为荷载持续作用效应系数（Load duration factor，DOL），但严格地应称为荷载持续作用效应调整系数。具体取值规定为：$C_D=0.9$（50 年，恒载）；$C_D=1.0$（10 年，住宅楼面活荷载，所谓 10 年，即在 50 年的设计使用年限内，住宅楼面活荷载的累计作用时间相当于 10 年）；$C_D=1.15$（2 个月，雪荷载）；$C_D=1.25$（7 天，施工荷载）；$C_D=1.6$（10 分钟，风荷载或地震作用）；$C_D=2.0$（冲击荷载）。所列调整系数 C_D 的值，适用于规范 NDSWC-2005 所有木材与木产品的强度及连接承载力（完全取决于金属连接件时除外）。

规范 NDSWC-2005 将木结构的使用条件分为干、湿两种。对锯材，如果使用期间木材的含水率保持在 19% 以下，谓干燥使用条件，不必考虑潮湿使用条件系数 C_M；如果含水率在一定时期超过 19%，谓潮湿使用条件，需乘以系数 C_M 予以调整。对于规格材，$C_M=0.85$。如果经尺寸调整后，抗弯强度低于 7.93MPa，则取 $C_M=1.0$。这反映了含水率对高等级木材影响显著，而低等级木材的强度主要受缺陷影响，含水率的影响很小的现象（见 2.2.1 节）。对于方木，$C_M=1.0$。需指出的是这里仅对抗弯强度而言，对于其他强度指标，应采用不同的 C_M 系数值。规格材构件的截面尺寸较小，受湿度影响的程度较方木大，故规格材需要调整，方木不调整。

对于所有木产品，使用环境温度在 100℉（37.8℃）以下时，不考虑温度调整。环境温度为 100℉＜T≤125℉（37.8℃＜T≤51.7℃）时，对木产品的抗弯强度，C_t＝0.8（干）、0.7（湿）。环境温度为 125℉＜T≤150℉（51.7℃＜T≤65.6℃）时，对木产品的抗弯强度，C_t＝0.7（干）、0.5（湿）。

关于受弯木构件的侧向稳定系数 C_L，规范 NDSWC-2005 将其视为一个强度调整系数，将稳定问题视为并列于多种影响强度的因素之一，是一种不同于我国规范的处理方法（受压木构件的稳定系数也是这样）。

木材的体积越大，所含影响强度的致命缺陷的几率越大，木材的强度越低。系数 C_F 即为这种现象的反映。规格材的强度设计值基于 12″ 的截面高度（也称为规格材的宽度）给出，截面高度低于 12″ 的规格材，乘以大于 1.0 的系数 C_F，最大值可达 1.5，截面高度为 14″ 及以上者，系数值为 0.9。方木仅调整抗弯强度，受弯构件的截面高度 d 小于 12″ 时，不作调整；超过 12″ 时，抗弯强度设计值的调整系数为 C_F＝$(12/d)^{1/9}$。

平置抗弯系数 C_{fu} 仅用于规格材，平置抗弯时，截面高度为 2″ 和 3″ 的规格材不予调整，截面高度越大，调整系数越大，高度为 10″ 及以上的规格材，调整系数值为 1.2。方木不称为平置抗弯，但当荷载作用于受弯构件的宽面上时（类似于平置受弯），则按尺寸系数 C_F 调整抗弯强度，取值统一规定为 C_F＝0.86（SS）；C_F＝0.74（No.1）；C_F＝1.0（No.2）。

刻痕系数 C_i 也仅用于规格材。为便于药剂浸入，防腐处理时可在规格材表面沿顺纹方向用机械法刻痕。由于刻痕处理，木材的强度会有所降低。当每道刻痕最深不超过 10mm，最长不超过 9.5mm，每平方米不超过约 11800 个时，C_i＝0.8（抗弯、抗拉、抗压、抗剪强度）。

构件重复系数 C_r 仅用于规格材。当规格材用于间距不大于 610mm（24″）的搁栅、桁架上弦、墙骨等构件，如果构件个数达到 3 个以上，且与楼面板等能够分配荷载的构件共同使用时，规格材的强度设计值可以适当提高，取 $C_r = 1.15$。

形式转换系数 K_F 本不属于木材与木产品的强度调整系数，而是 ASD 和 LRFD 两种设计方法间强度设计指标的一种换算系数。采用 LRFD 设计时，规范 NDSWC-2005 规定将 ASD 法木材的强度设计指标乘以形式转换系数 K_F，缘由如下：

LRFD 法： $\qquad 1.2C_GG_k + 1.6C_QQ_k = \phi_b\lambda K_F F_b'S$ $\qquad$ (3-29)

ASD 法： $\qquad C_GG_k + C_QQ_k = C_DF_b'S$ $\qquad\qquad$ (3-30)

标准 ASTM D 5457 假定在雪荷载情况下转换，并假设按两种设计方法获得相同的构件截面尺寸，则 $C_D = 1.15$，$\lambda = 0.8$，且 $\rho = Q_k/G_k = 3.0$。联立式（3-29）和式（3-30），得 $K_F = [(1.2C_GG_k + 1.6C_QQ_k)/(C_GG_k + C_QQ_k)](C_D/\phi_b\lambda) = 2.16/\phi_b$。如此获得的形式转换系数在规范 NDSWC-2005 中同样用于其他荷载情况。形式上 LRFD 是基于可靠度的极限状态设计法，但规范 NDSWC-2005 中的 LRFD 法，却名不符实。因为强度设计值 "$K_F F_b'$" 并不是按可靠度要求确定的，所以本质上 LRFD 法仍等同于定值的允许应力法。

LRFD 法考虑木材强度的变异性及构件破坏的形式（脆性、延性）和破坏的后果而采用抗力系数 ϕ_b，形式上类似于我国规范中抗力分项系数的倒数。对于受弯构件，$\phi_b = 0.8$。既然抗力系数在形式上类似于我国规范中的抗力分项系数的倒数，那么也应符合 3.2.2 节可靠度分析的结果，即抗力系数随木产品的强度变异系数的增大而减小（趋势与抗力分项系数相反）。确应如此，但真正的 LRFD 的强度设计指标中已将这种趋势考虑在内，采用了一个可靠度校准系数（Reliability normalization factor，K_R）确定强度设计值（详见标准 ASTM D 5457）。这样对不同强度变异系数的不同种类、不同强度等级的木产品，就可以采用相同的抗力系数了。

λ 称为时间效应系数（Time effect factor），其作用类似于调整系数 C_D，调整荷载持续作用效应，以适应不同的荷载情况。

注意到形式转换过程中时间效应系数 λ 位于分母上，所以 LRFD 法设计方程中的乘积 λK_F 等于又消去了这个系数。实际上，由形式转换系数的推导过程可以看出，采用 LRFD 法时 λ 与 $(C_D/0.8)$ 的乘积，即 $(\lambda C_D/0.8)$ 是荷载持续作用效应系数的真正取值。规范 NDSWC-2005 中 λ 的取值规定为，$\lambda = 0.6$（楼面活荷载）；$\lambda = 0.8$（雪荷载）；$\lambda = 1.0$（风荷载或地震作用）。另外，美国规范和加拿大规范中荷载持续作用效应系数不适用于木材的横纹承压强度和弹性模量，是参考引用时需要注意的问题。

3.6.3　规范 Eurocode 5

欧洲规范 EC 5 采用基于可靠度的极限状态设计法，设计基准期为 50 年，目标可靠度为 3.8。对锯材，采用标准 EN 338 规定的强度标准值，基准含水率为 12%（GB 50005 中方木与原木的基准含水率也为 12%，NDSWC 锯材的基准含水率为 15%）。设计方程为

$$\sigma_{m,d} = \frac{M_d}{W} \leqslant f_{m,d} \tag{3-31}$$

$$f_{m,d} = \frac{k_{mod} f_{m,k}}{\gamma_M} \tag{3-32}$$

式中：$\sigma_{m,d}$ 为木材的弯曲应力设计值；M_d 为弯矩设计值，$M_d = 1.35 C_G G_k + 1.5 C_Q Q_k$；$W$ 为构件的抗弯截面模量；$f_{m,d}$ 为抗弯强度设计值；k_{mod} 为考虑荷载持续作用效应和含水率影响的强度调整系数；$f_{m,k}$ 为锯材的抗弯强度标准值（5 分位值），由标准 EN 338 给出；γ_M 为材料分项系数（Material property partial factor），对锯材，$\gamma_M = 1.3$。

规范 EC 5 对木材强度设计值最重要的调整系数是 k_{mod}，综合反映了荷载持续作用效应和使用环境的影响。荷载持续作用效应分为 5 级，列于表 3-12。使用环境（Service class）分为 3 级。其中 1 级使用环境为：温度为 20℃，1 年内相对湿度超过 65% 的时间只有数周（此环境条件下木材的含水率不超过 12%）；2

级使用环境为：温度为 20℃，1 年内相对湿度超过 85％的时间只有数周（此环境条件下木材的含水率不超过 20％）。3 级使用环境为：使木材含水率超过使用环境等级 2 所对应的含水率的环境条件。表 3-13 以锯材为例给出了 k_{mod} 的取值规定。

欧洲规范荷载持续作用效应级别　　　　　　表 3-12

荷载持续作用效应级别名称	累计时间	荷载举例
永久（Permanent）	10 年以上	自重
长期（Long-term）	6 个月～10 年	储藏物
中期（Medium-term）	1 个周～6 个月	楼面荷载、雪荷载
短期（Short-term）	短于 1 个周	雪荷载、风荷载
瞬时（Instantaneous）	—	风荷载、偶然荷载

欧洲规范锯材的 k_{mod} 值　　　　　　表 3-13

使用环境级别	荷载持续作用效应级别				
	永久	长期	中期	短期	瞬时
1	0.60	0.70	0.80	0.90	1.10
2	0.60	0.70	0.80	0.90	1.10
3	0.50	0.55	0.65	0.70	0.90

尺寸调整系数 k_h，只调整锯材的抗弯和抗拉强度。当受弯构件的截面高度或受拉构件截面的宽边尺寸小于 150mm 时，抗弯和抗拉强度乘以系数 $k_h = \min\{(150/h)^{0.2}, 1.3\}$。

3.6.4　规范 CSA O86-01

加拿大规范 CSA O86-01 采用基于可靠度的极限状态设计法，设计基准期为 30 年，可靠度水准为 $\beta = 2.4 \sim 2.9$，平均约为 2.6[29,44]。设计方程以抗力表示。

$$M \leqslant M_r \tag{3-33}$$

$$M_r = \phi F_b S K_{zb} K_L \tag{3-34}$$

$$F_b = f_b(K_D K_H K_{sb} K_T) \tag{3-35}$$

式中：M 为弯矩设计值，$M = 1.25 C_G G_k + 1.5 \gamma C_Q Q_k$，其中 γ 为重要性系数，如果破坏不导致人员伤亡等严重后果，$\gamma \geqslant 0.8$，

否则 $\gamma \geqslant 1.0$；ϕ 为抗力系数，受弯构件 $\phi = 0.9$，类似于规范 NDSWC-2005 中的 LRFD 法，由于采用了可靠度校准系数（$B_b = 1.58 - 2.18V_w$）确定强度设计值，故不同强度等级的木产品可采用相同的抗力系数；F_b 为抗弯强度设计值；S 为抗弯截面模量；K_{zb} 为抗弯强度尺寸调整系数；K_L 为侧向稳定系数；f_b 为规范规定的抗弯强度（Specified strength in bending）；K_D 为荷载持续作用效应调整系数；K_H 为系统效应系数；K_{sb} 为抗弯强度使用条件系数；K_T 为防腐或阻燃处理影响系数。

规范 CSA O86 看起来将强度调整因素划分为两类，即影响木材强度的因素（K_D、K_H、K_{sb}、K_T）和除木材强度外影响构件抗力的因素（K_{zb}、K_L），尽管系统效应系数似乎应属后一类因素。系数 K_D 按 3 种荷载情况取值：$K_D = 1.15$（短期荷载-风荷载、地震作用等），$K_D = 1.00$（标准期荷载-雪、居住荷载等），$K_D = 0.65$（永久荷载-自重等）。另外，对于标准期荷载情况，当其中的长期荷载 P_L 大于短期荷载 P_S 时，$K_D = 1.0 - 0.5\lg(P_L/P_S) \geqslant 0.65$。规范 GB 50005—2017 中住宅或办公楼面活荷载情况下，当荷载比值 $\rho < 1.0$ 时，对木材强度的调整措施（式(3-14)），与此类似。

考虑间距不大于 610mm 的密布构件共同承载的有利效果，规格材的规定抗弯强度乘以系统效应系数 K_H，按规格材种类及覆面板的种类和厚度不同，$K_H = 1.10$、1.20、1.40 不等。

加拿大规范分干燥、潮湿两类使用条件（Service condition）。干燥使用条件是指 1 年中木材的平均平衡含水率不超过 15%，最高不超过 19% 的条件，除此之外则为潮湿使用条件。$K_{sb} = 1.00$（干燥环境及潮湿环境但截面较小边大于 89mm）、$K_{sb} = 0.84$（潮湿环境且截面较小边小于或等于 89mm）。

对于厚度为 89mm 及以下的锯材，采用刻痕方法防腐处理的锯材需考虑其强度降低效果，$K_T = 0.75$（干燥使用条件）、$K_T = 0.85$（潮湿使用条件）。阻燃处理的影响效果需根据试验结果确定。

规范 CSA O86-1 以列表的形式给出了锯材的截面尺寸调整系数，截面的较大边从 38mm 到 387mm 及以上，截面的较小边从 38mm 到 114mm 及以上，其中的抗弯强度尺寸调整系数 $K_{zb}=0.8\sim1.7$ 不等。侧向稳定系数由计算决定。

3.6.5 比较与讨论

1. 设计方法与强度调整

各国规范基本上都采用基于可靠度的极限状态设计法，但美国规范 NDSWC 同时采用荷载与抗力系数法（LRFD）和允许应力法（ASD），后一种方法仍是"尾大不掉"。由于 LRFD 法的强度设计值通过形式转换获得，且设计的截面又与 ASD 法相同，实际设计中 LRFD 法恐怕鲜见使用。加拿大规范 CSA O86 从 1984 版开始采用基于可靠度的极限状态设计法，与我国开始推广使用这种设计方法的时间基本同步。我国从规范 GBJ 5—88 开始采用基于可靠度的极限状态设计法，此前的规结-3—55 采用的是安全系数法，规范 GBJ 5—73 采用的是多系数法。规范 GBJ 5—88 中木材的强度设计值经可靠度分析获得，但通过可靠度校准使设计的截面尺寸基本与规范 GBJ 5—73 相同，也就是说并未使结构的安全水平发生过大的变动。这种做法与加拿大规范 CSA O86 的 1984 版由允许应力法向基于可靠度的设计法转变时的做法是类似的。通用于欧盟各国的规范 EC 5 始于 2001 年，从开始就采用基于可靠度的极限状态设计法。日本木结构设计规范[20]完全采用安全系数法，是各国中唯一继续采用这种方法的木结构设计规范。

从设计方程的表达形式上看，除规范 CSA O86 采用构件的抗力表达，其他规范仍采用应力表达。采用应力表达的方式仍未摆脱定值设计法的思想，认为材料达到强度极限即破坏。用抗力表达的方式最符合基于可靠度的极限状态设计法的原理，因为抗力与荷载效应的关系决定构件是否达到极限状态，而材料强度只是影响构件抗力的众多因素之一。

木材的强度受多种因素影响，随设计的具体条件的不同而改变，因此各国规范都基于其设定的"标准"条件规定强度设计指标，设计时对木材的强度进行调整。调整的主要因素是荷载持续作用效应、湿度及尺寸的影响。有意思的是，规范 GB 50005 原有的针对锯材尺寸的强度调整方法与其他各国规范相反，是考虑锯切对木纤维的影响程度作出的调整。本节以锯材受弯构件为例，介绍了各国规范中抗弯强度的调整方法。对于其他受力形式的构件和其他木产品制作的构件，所考虑的调整方法与锯材和受弯构件基本相同，只是取值的大小程度有所不同。

各国规范中木产品的强度设计指标都来自于清材小试件或足尺试件的试验结果，试验获得的都是木材的短期强度。但试验加载的速度影响木材强度的试验结果，因此试验方法标准对木材强度试验的加载速度要作出规定。美国规范 NDSWC 中对于荷载作用时间为 10 分钟的情况，荷载持续作用效应系数为 $C_D \times 0.625 = 1.6 \times 0.625 = 1.0$，说明木材强度试验时加载速度是以试件在 10 分钟左右破坏为准的。

2. 荷载持续作用效应

规范 GB 50005 对木材的荷载持续作用效应系数较笼统地取为 0.72，只是在施工荷载和恒载两种特殊情况下，再分别乘以 1.2 和 0.8 的调整系数。其他各国规范的木材强度设计值中都基于一种特定的荷载情况或"标准荷载"情况给出，内含荷载持续作用效应系数 K_{DOL}。不同于标准情况的设计条件下，都要乘以"荷载持续作用效应的调整系数"。需注意的是规范 NDSWC 中的系数 C_D 和 λ 以及规范 CSA O86 中的系数 K_D，都并非真正的 K_{DOL} 值，而是 K_{DOL} 的调整系数，将其与强度设计值中所含的 K_{DOL} 值相乘后，才得到与荷载情况相适应的荷载持续作用效应系数。

结规-3—55 和规范 GBJ 5—73 包含在强度设计值中的荷载持续作用效应系数 K_{DOL} 值为 0.67，自规范 GBJ 5—88 开始，该系数值改用 0.72。规范 NDSWC 木材强度设计值中所含的荷载持续作用效应系数值为 $K_{DOL} = 0.625$，是按 50 年使用期内居住楼面活荷载的累计持续时间为 10 年考虑，按 Madison 曲线确定的。为便于比较，选择施工荷载（规范 NDSWC 中按累计持续时间为 7 天考虑）、居住荷载（累计 10 年）、雪荷载（累计 2 个月）和恒载（累计 50 年或 30 年）等，将各国规范中与这些荷载情况对应的 K_{DOL} 值列于表 3-14，将按 Madison 曲线（式（2-2））、Wood 试验结果的曲线（式(2-3)）和 Pearson 曲线（式(2-4)）的计算结果也列于表中进行比较。

各国规范荷载持续效应系数比较

表 3-14

荷载种类	GB 5	NDSWC	EC 5	CSA O86	Madison[1]	Wood[2]	Pearson[3]
施工荷载	0.864	0.781	0.700~0.900	0.920	0.767(7days)	0.764	0.759
居住荷载	0.720	0.625	0.650~0.800	0.800	0.62(10yrs)	0.592	0.569
雪荷载	0.720	0.718	0.650~0.800	0.800	0.712(2months)	0.705	0.694
恒载	0.576	0.563	0.500~0.600	0.520	0.589(50yrs)	0.548	0.520

注：1. Madison 曲线：SL=18.3+108.4$t^{-0.0464}$（%，t 以秒计）；

　　2. Wood 试验结果的曲线：SL=90.4−6.31lg$t$（%，t 以小时计）；

　　3. Pearson 曲线：SL=91.5−7lg$t$（%，t 以小时计）。

表 3-14 中加拿大规范 CSA O86 的设计基准期为 30 年，其他各国规范均为 50 年。欧洲规范 EC 5 以 3 级使用环境条件给出荷载持续作用效应系数，故表中给出的是系数对应于 3 级使用条件取值的范围。由表 3-14 可以看出，①各国规范荷载持续作用效应系数的取值在其设定的荷载设计基准期内的累计时间的条件下，大致都与 Madison 曲线相符。②规范 EC 5 中荷载持续作用效应系数在 3 级使用条件下的平均值仍与规范 GB 50005 和规范 NDSWC 相当。规范 CSA O86 的荷载持续作用效应系数看起来偏高，但仅适用于干燥使用条件。如果考虑其潮湿条件的调整，实际上更为保守。③在雪荷载情况下，规范 GB 50005 与规范 NDSWC 荷载持续作用效应系数的取值几乎完全相同。④在恒载情况下，规范 CSA O86 荷载持续作用效应系数的取值最为保守。值得一提的是，日本规范 50 年恒载情况下荷载持续作用效应系

数的取值为 0.55，中长期荷载情况下取值为 0.715；澳大利亚规范在 50 年恒载情况下荷载持续作用效应系数的取值为 0.57。均与中国、美国、加拿大和欧洲规范有相似或相近之处。实际上，对于恒载作用的情况，各国规范基本都以所认为的木材抗弯强度的比例极限作为长期强度的校准值，约为短期强度的 9/16（56%）。

虽然荷载持续作用效应（DOL）是人所共知的，但怎样认识 DOL 的本质和解释 DOL 现象，尚很难达成共识，仍是需要认真研究的课题。这里主要涉及两个问题。一个问题是无疵清材和结构木材在恒定荷载作用下是否具有相同的 K_{DOL} 值，即荷载持续作用时间相同时，无疵清材和结构木材短期强度的折减系数是否相同。另一个问题是，由于可变荷载是变动的，设计使用年限内恒载与可变荷载组合作用下，荷载持续作用的累计时间或效果如何测算确定。

1970 年代，加拿大的 Madsen 教授等通过对规格材进行长期力学性能试验[37]，发现对结构木材而言，DOL 对材质等级低的木材影响较小，对材质等级高的木材影响较大（见图 2-4）；Madison 曲线偏于保守。Madsen 教授进而认为 DOL 与木材的短期强度有关，短期强度低（材质等级低）的木材不受 DOL 影响，特别是对确定木材的强度设计指标采用的强度标准值而言，更是如此。他甚至建议过[37]，加拿大规范 CSA O86 中木材的长期强度只需统一乘以一个 0.8 的荷载持续作用效应系数即可，不必再作任何调整。这应该就是部分学者认为荷载持续作用效应系数（K_{DOL}）与木材的短期强度有关的依据。但 Madsen 教授同时也指出[37]，英国的研究工作难以证明 DOL 与木材的强度有关；丹麦技术大学的 Hoffmeyer 博士根据其试验结果，认为 DOL 与木材的短期强度无关。可见，Madsen 教授本人也承认另一种不同观点的存在。

Madsen 教授等人的观点，引起了各国学者的注意。1980 年代，美国林产品实验室（Forest Products Laboratory）、加拿大林产工业技术研究院（Forintek）以及欧洲的一些木结构研究机构，对结构木材的荷载持续作用效应进行了更广泛深入的研究。北美开展的相关研究未能证实 Madsen 等学者关于 Madison 曲线对结构木材而言偏于保守以及 DOL 与木材的材质等级有关的结论[43]。欧洲的相关研究结果也更符合 Madison 曲线，并没发现材质等级的明显影响效果[43]。目前尚未发现哪个国家的木结构规范对 DOL 的规定，明显与 Madison 曲线不同。各国木结构设计规范中，对不同强度等级的木产品，荷载持续作用时间相同的情况下，DOL 取值基本是相同的，即强度降低的程度是相同的，并未按木材的短期强度的高低加以区分。可以看出，对木材尤其是结构木材 DOL 的不同认识，恰好反映了 K_{DOL} 的取值具有很大的变异性。因此，规范 GB 50005 的可靠度分析中，将荷载持续作用效应系数视为一个随机变量，是一种合理的选择。

至于恒载与可变荷载组合作用下荷载持续作用累计时间如何计算的问题，即当量持续时间的计算问题，仅美国木结构设计规范 NDSWC 作了明确的说明，例如恒载与居住楼面荷载组合情况下，50 年设计使用年限内按恒定荷载持续作用 10 年计，并认为是一种保守的估计。加拿大规范 CSA O86 则采用 Foschi-Yao 损伤累积模型[29]计算为期 30 年内（即设计使用年限为 30 年）不同荷载组合下的损伤累积，从而获得了标准荷载组合情况下（恒载与雪荷载或恒载与居住荷载等）的 K_{DOL} 值为 0.8。应该说这是一种科学的方法，但其损伤累积模型中的 5 个参数，均有不可忽视的变异性，所获得的 K_{DOL} 也是一个随机变量，且与美国损伤累积模型的计算结果相比，也存在很大的差异。

规范 GB 50005 的可靠度分析中关于 K_{Q3} 的具体取值，在 1970 代木结构采用的多系数极限状态设计法中，K_{Q3} 为定值，取为 2/3＝0.67。1980 年代改为以可靠度为基础的极限状态设计法后，经规范 GBJ 5—88 修订组的研究论证，处理为随机变量，其均值取为 0.72，变异系数取为 0.12。为修订规范 GB 50005—

2017 所进行的木产品可靠度分析中，DOL 随机变量沿用了规范 GBJ 5—88 的做法，尚未发现其不合理之处。

3.7 规范 GB 50005 和规范 CSA O86 中可靠度分析的特点

3.7.1 规范 CSA O86 中的可靠度分析

3.2 节叙述了规范 GB 50005—2017 中的可靠度分析方法。加拿大木结构设计规范 CSA O86 中规格材的强度设计指标是基于 R. Foschi 教授的可靠度分析结果给出的[29,45]。Foschi 教授的可靠度分析分为短期荷载作用和长期荷载作用两种情况。

1. 短期荷载作用下的可靠度分析

采用的功能函数为

$$G = R - \frac{\phi R_{0.05}}{(1.25r + 1.50)}(dr + q) \tag{3-36}$$

式中：R 为规格材的强度试验结果，随机变量；$R_{0.05}$ 为规格材强度的标准值，加拿大和美国规范中都采用按非参数方法确定的强度标准值；r 为恒载与活荷载的比值（相当于式(3-1)中 ρ 的倒数）；ϕ 为抗力系数（Resistance factor），是与可靠度指标有关的系数；系数 1.25、1.50 分别为恒载和活荷载的分项系数；d、q 分别为恒载、活荷载与其标准值的比值。

规格材的强度 R 都是指短期强度，来自于规格材定级试验的足尺试件试验结果。采用的强度 R 的分布函数有对数正态分布、二参数或三参数韦伯分布。分布函数中的各参数可根据全部试验结果统计获得，也可采用试验结果的 25 或 15 分位值以下的数据（尾部数据，Tailed data）统计获得。规范 CSA O86 最终采用的是二参数韦伯分布函数可靠度分析的结果，原因是多数情况下采用该分布函数所计算获得的可靠度指标是采用其他分布函数分析结果的中间值。

利用功能函数式(3-36)，经可靠度分析可获得可靠度指标与抗力系数之间的关系曲线（β-ϕ 曲线），如图 3-5 所示。以规格材受弯构件为例，规范 CSA O86 选取 $\phi=0.9$，使受弯木构件与钢梁的可靠度指标相当。经可靠度分析，不同树种、不同强度等级和荷载组合情况下，规格材受弯构件的可靠度指标处于 $2.4<\beta<2.9$ 的范围，平均值为 $\beta=2.6$。规范 CSA O86 并未明确规定目标可靠度的值，可靠度在 2.4～2.9 之间都是可接受的。这有点类似于《建筑结构设计统一标准》GBJ 68—84 曾经采用过的 $\beta_0\pm0.25$ 的规定。如果要用目标可靠度来表达规范 CSA O86 的可靠度要求，其目标可靠度应为 2.4，与美国规范 NDSWC 中 LRFD 法理论上的目标可靠度相同。

2. 长期荷载作用下的可靠度分析

考虑荷载持续作用效应对木材强度的影响，使木结构在设计使用年限内始终满足可靠度要求。Foschi 教授借助于木材的损伤累积模型进行了长期荷载作用下（30 年）木结构的可靠度分析[29,45]。采用的功能函数为

$$G=1-\alpha \tag{3-37}$$

式中：α 为损伤累积因子，是一代表加拿大木材强度损伤模型的随机变量[29,45]。$\alpha=0$，表示木材没有损伤，$\alpha=1$，表示木材强度失效。

经可靠度分析，获得了长期荷载作用下可靠度指标与抗力系数的关系曲线，并与短期荷载作用下的 β-ϕ 曲线一同示于图3-5 中。

从图 3-5 可以看出，相同的抗力系数条件下，短期荷载作用下的可靠度指标高于长期荷载。或反之，相同的可靠度水平下，长期荷载作用的情况需要较短期荷载情况更小的抗力系数。图 3-5 中两条 β-ϕ 曲线间的差异，就是荷载持续作用效应造成的。在满足目标可靠度 β_0 要求的前提下，设长期荷载、短期荷载作用下的抗力系数分别为 ϕ_l、ϕ_s，则荷载持续作用效应系数等于

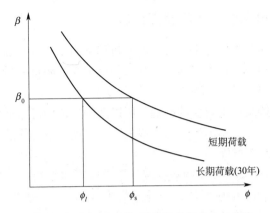

图 3-5 规范 CSA O86 可靠度分析的 β-ϕ 曲线

该两抗力系数的比值，即 $K_{DOL}=\dfrac{\phi_l}{\phi_s}$。

规范 CSA O86-1 将 K_{DOL} 分为与所规定的短期荷载、标准期荷载、恒载对应的三个档次，按上述可靠度分析所获得的荷载持续作用效应系数为 $K_{DOL}=0.9\sim1.0$（短期）、$K_{DOL}=0.8$（标准期）、$K_{DOL}=0.5$（恒载）。恒载情况下 30 年期的荷载持续作用效应系数取值为 $K_{DOL}=0.5$，是各国规范中最为保守的。因为可靠度分析中的损伤因子 α 是根据规格材的长期强度试验结果标定的[29]，而所采用的试验结果显示，持荷期超过 1 年的规格材的荷载持续作用效应，要比 Madison 曲线严重（见图 2-4）。规范 CSA O86 中的强度设计指标是按标准期荷载情况给出的，内含 $K_{DOL}=0.8$[45]。对短期和恒载两种荷载情况，则乘以荷载持续作用效应调整系数 K_D，使设计符合可靠度要求。调整系数的取值分别为 $K_D=1.15$（短期）、$K_D=1.0$（标准期）、$K_D=0.65$（恒载）。应注意的是规范 CSA O86 中的系数 K_D 并不是荷载持续作用效应的真值，而是对荷载持续作用效应的调整系数，与强度设计指标中所含的 K_{DOL} 值 0.8 相乘后，才得到对应荷载情况下按可靠度分析所获得的 K_{DOL} 值。

3.7.2 可靠度分析的特点比较

中、加两国规范中的可靠度分析都采用近似概率的方法，将荷载效应和构件抗力（强度）视为相互独立的随机变量建立功能函数，采用 JC 法或 Monte Carlo 法进行计算。以不同的方式考虑了荷载持续作用效应的影响。所以两国规范中可靠度分析的基本理论和方法是相同的。两国规范中可靠度分析具体的异同点体现在以下几个方面。

规范 GB 50005 将荷载持续作用效应直接视为一个独立的随机变量（平均值为 0.72，变异系数为 0.12）。而规范 CSA O86 则采用损伤累积模型体现荷载持续作用效应的影响。损伤模型中所含的参数都是由规格材长期荷载试验结果计算得出的随机变量，也具有很大的离散性。两种不同的荷载持续作用效应的处理方法对可靠度指标分析结果的影响，尚不宜一概而论。在规范 GB 50005 中的影响将主要取决于其大小为 0.12 的变异系数与木产品强度和荷载的变异系数的相对关系。可以想见，对规格材等强度变异系数较大的木产品，影响会小些。如果采用加拿大规范的损伤累积模型并按我国的荷载统计参数对规格材进行可靠度分析，初步表明，所获得的可靠度指标比按我国的分析方法所获得的可靠度要低一些。看起来，单就荷载持续作用效应而言，加拿大规范的处理方法比规范 GB 50005 更保守一些。恒载作用情况下 K_{DOL} 的取值规定也体现了这一点。因为 30 年恒载作用下规范 CSA O86 中 K_{DOL} 的取值为 0.5，而规范 GB 50005 及其他多数国家规范 50 年恒载作用下 K_{DOL} 的取值为 $0.57 \sim 0.60$。

对于抗力的分布函数，规范 GB 50005 采用对数正态分布，规范 CSA O86 则采用二参数韦伯分布。对于规格材而言，抗力采用对数正态分布所获得的可靠度指标要高于韦伯分布。对于荷载效应，规范 GB 50005 采用正态分布（恒载）和极值 I 型分布，规范 CSA O86 则采用正态分布（恒载）、Gamma 分布（办公和住宅荷载）和极值 I 型分布（雪荷载）。规范 GB 50005 及可靠度分析中采用对数正态分布的当量正态分布的强度标准值，规范 CSA O86 及可靠度分析中则采用非参数法所获得的强度标准值。通过非参数法确定的强度标准值往往更保守一些。

关于功能函数中抗力的计算，规范 GB 50005 考虑了截面尺寸不定性系数 K_A，规范 CSA O86 没有考虑该系数。由于制作误差，构件的截面尺寸与设计尺寸总会有偏差，这种偏差对构件抗力的影响可通过系数 K_A 反映出来。规格材的强度是通过足尺试件试验获得的，是否可以不考虑系数 K_A？如果试验中计算规格材强度时采用了规格材截面的公称尺寸（例如 38mm × 89mm），则可认为截面尺寸不定性的影响已反映到试验结果中，可靠度分析中就可以不必考虑系数 K_A。实际情况是加拿大的规格材定级试验中，计算强度时采用了规格材的实测截面尺寸，其试验结果中已排除了截面尺寸不定性的影响，所以规范 GB 50005 中考虑系数 K_A 是合理的。

规范 GB 50005 考虑了构件抗力计算模式不定性系数 K_P 和荷载效应计算模式不定性系数 K_B，规范 CSA O86 没有考虑该两系数。任何规范中，都需要基于试验获得的木材与木产品的强度并基于一定的假设计算木构件的抗力。按某一试验方法标准完成的试验以及计算假设都不可能与实际工程中构件的受力情况完全一致，系数 K_P 反映的就是这类不定性，且与强度结果是否来自于足尺试件试验无关。例如规格材的抗弯强度来自于三分点弯曲试验，而实际工程中的受弯构件可能承受均布荷载；规格材弯曲试验中的抗弯强度基于平面假设和弹性假设计算，而实际工程中的受弯构件完全可能进入塑性工作阶段。实际工程中也不能保证构件完全符合试验中所规定的试件的跨高比，受弯也可能不符合平面假设，等等。这些原因都使得构件抗力的计算结果与构件的实际抗力存在差异，系数 K_P 正是用来考虑这种计算模式上的不定性。类似地，计算荷载效应时需将荷载假设为均布荷载或集中荷载，将受弯构件假设为简支梁或悬臂梁，这些假设不可能与荷载的实际作用情况和构件的实际支承情况完全一致，故需引入荷载效应计算模式不定性系数 K_B。总之，规范 GB 50005 所采用的不定性系数 K_A、K_B、K_P 等与国际标准-结构可靠性总原则 ISO 2394[13] 的精神是相符合的。

规范 GB 50005 和规范 CSA O86 中对抗力和荷载效应的不同处理，使得各自可靠度分析的内涵有所不同。规范 CSA O86 没有考虑上述不定性系数，与规范 GB 50005 相比，其功能函数式(3-36)右侧的 R 宜称为规格材的强度，而不宜称为构件的抗力。系数 ϕ 在功能函数中称为抗力系数，其实略显勉强。正因如此，Foschi 教授始终以规格材的"抗弯强度、抗拉强度、抗压强度"等而不是构件的抗力去描述其可靠度分析的结果[29]，即可靠度分析是针对规格材强度的，这种描述是确切的。规范 GB 50005 功能函数中的 R 项考虑了各种不定性对构件抗力的影响，因此 R 可称为构件的抗力，也因而可称为构件的可靠度分析，获得的是抗力分项系数 γ_R。

Ranta-Maunus 教授等人对芬兰结构木材也进行了可靠度分析[31]，他们的工作可以从一个侧面反映欧洲规范 EC 5 中可靠度分析的特点。①Ranta-Maunus 教授的可靠度分析中没有考虑荷载持续作用效应对木材强度的影响，只进行了短期荷载情况下的可靠度分析，这一点与我国规范 GB 50005 和加拿大规范 CSA O86 是不同的。②Ranta-Maunus 教授的可靠度分析中也没有考虑 K_A、K_B、K_P 等不定性系数，这一点与规范 GB 50005 不同，而与规范 CSA O86 相同。欧洲规范 EC 5 中由木材的强度标准值计算强度设计值采用"材料分项系数（Partial factor for a material property）"而并不称为抗力分项系数，这与其可靠度分析的内涵是相符的。③由于欧洲结构木材的强度变异性较小，采用不同的强度分布函数对可靠度指标的分析计算结果影响并不明显。

可见，不同国家的规范中可靠度分析的方法、选取的抗力或强度分布函数、所考虑的影响抗力和荷载效应的不定性因素等都有所不同，所计算的可靠度指标的含义也就不同。对可靠性或结构安全问题，具体国家有其自成一体的处理解决方法，并与其经济技术发展水平相适应。因此，不同国家之间的目标可靠度指标不能照搬，也不宜攀比。最后还应指出，影响结构是否安全可靠的还有木材与木产品生产过程中的质量保证体系、木构件制作安装的质量以及工程经验等因素，并不应仅仅局限于单纯追求可靠度指标的高低、计较某些统计参数的大小而陷于纸上谈兵的迷局。

3.8　小结

为按可靠度要求确定强度设计指标，本章对新纳入规范的木材与木产品构件进行了可靠度分析。由于不同种类的木材与木产品的强度变异性差别很大，甚至同种产品在不同强度等级间强度变异性差别也很大，故给出了满足可靠度要求的抗力分项系数与木产品强度变异系数间的关系曲线。为使设计安全可靠、经济合理，选取恒载与住宅楼面荷载组合且荷载比值 $\rho = 1.0$ 时的 γ_R-V_f 曲线为确定强度设计值的基准曲线，在此基础上，根据不同的荷载组合和荷载比值再采取必要的强度调整措施。这种确定强度设计指标的方法与规范 GBJ 5—88 采用的对抗力分项系数取加权平均值的方法已经大不相同。

经可靠度分析，还发现现行规范规定的结构重要性系数并不完全适用于木结构，因此建议强度变异系数不超过 0.20 的木产品方可用于安全等级为一级的木结构，或在设计中采用适用于木结构的结构重要性系数。但该问题涉及规范 GB 50068 的有关条文，所以规范 GB 50005—2017 暂未采纳。但设计中这仍然是个值得注意的问题。

此次可靠度分析并未将剪力墙与横隔包括在内，规范中所给出的抗剪强度设计指标仍是按软转换法确定的，原则上还不符合我国的可靠度要求。齿板连接承载力设计值的确定方法同样存在类似问题。

木结构正常使用极限状态的验算方法和可靠度问题同样值得关注。正常使用极限状态验算的方法和挠度限值，来自于规范GBJ 5—88基于可靠度分析所作的规定。规范GB 50005—2003和GB 50005—2017均完全继承了规范GBJ 5—88可靠度分析的方法和结果，未作任何改进，有关规定及其依据，有的已经与木结构发展的现状不相符了。主要体现在：规范GBJ 5—88用材单一，只有方木与原木。而规范GB 50005—2017中的木产品已扩展至北美规格材、北美方木、欧洲锯材、目测分级和机械分级层板胶合木以及结构复合木材等。这些木产品弹性模量的大小、弹性模量的变异性以及影响长期变形的蠕变性能等都与方木、原木不同，荷载的统计参数（活载与恒载之比）也已与规范GBJ 5—88时期不同。规范GB 50005—2017已对进口锯材和层板胶合木等现代木产品构件的承载力进行了可靠度分析，重新确定了其强度设计值并采取相应的强度调整措施使其符合可靠度要求，但尚未对第二极限状态进行可靠度分析。规范GB 50005—2017中两种极限状态可靠度分析的方法及抗力和荷载效应的参数选择是不一致的。

可见，木结构正常使用极限状态的验算方法和可靠度问题也是需要进一步研究并合理解决的问题。在我国推动发展大跨度和多高层木结构的形势下，尤应如此。

参考文献

[1] GB 50153—2008 工程结构可靠性设计统一标准 [S]．北京：中国建筑工业出版社，2008.

[2] GB 50068—2001 建筑结构可靠度设计统一标准 [S]．北京：中国建筑工业出版社，2001.

[3] GBJ 5—88 木结构设计规范 [S]．北京：中国建筑工业出版社，1989.

[4] GB 50005—2003 木结构设计规范 [S]．2005版．北京：中国建筑工业出版社，2006.

[5] NDSWC-1997: National design specification for wood construction [S]. Washington, DC: American Forest & Paper Association, American Wood Council, 1997.

[6] GB/T 50708—2012 胶合木结构技术规范 [S]. 北京：中国建筑工业出版社，2012.

[7] GB 50005—2017 木结构设计规范（报批稿）[S]. 成都：木结构设计规范编制组，2016.

[8] 规结-3—55 木结构设计暂行规范 [S]. 北京：建筑工程出版社，1955.

[9] GBJ 5—73 木结构技术规范 [S]. 北京：中国建筑工业出版社，1973.

[10] 古天纯. 建筑结构安全度研究的发展和应用介绍 [J]. 木结构标准规范学术报告汇集. 中国工程建设标准化委员会木结构技术委员会，1981 年 1 月.

[11] 王永维. 概率极限状态设计方法及在木结构设计规范中的应用（一、二、三、四、五）[J]，四川建筑科学研究. 1982（1）：40-46，1982（2）：64-73，1982（3）：73-89，1982（4）：28-31，1983（1）：63-66.

[12] ASTM D 6570-00a Standard practice for assigning allowable properties for mechanically-graded lumber [S]. West Conshohcken, PA: American Society for Testing and Materials, 2000.

[13] ISO 2394: 2015 General principles on reliability for structures [S]. Geneva, Switzerland: International Organization for Standardization, TC 98/SC 2, 2015.

[14] 《木结构设计手册》编辑委员会. 木结构设计手册 [M]. 第 3 版. 北京：中国建筑工业出版社，2005.

[15] ASTM D 5457-04a: Standard specification for computing reference resistance of wood-based materials and structural connections for Load and Resistance Factor Design [S]. West Conshohcken, PA: American Society for Testing and Materials, 2004.

[16] NDSWC-2005: National design specification for wood construction ASD/LRFD [S]. Washington, DC: American Forest & Paper Association, American Wood Council, 2005.

[17] CSA O86-01 Engineering Design in Wood [S]. Canadian Standards Association, Toronto, 2005.

[18] Xiaojun Zhuang. Reliability study of North American dimension lumber in the Chinese timber structures design code [D]. Vancouver: The University of British Columbia, 2004: 1-102.

[19] Rosowsky, D., Gromala, D. S., Line, P. Reliability-based code calibration for design of wood members using load and resistance factor design [J]. Journal of the Structural Engineering, 2005 (2): 338-344.

[20] 日本建築学会. 木質構造設計規準・同解説 [S]. 东京：技報堂，2005.

[21] EN 1995-1-1: 2004 Eurocode 5: Design of timber structures [S]. European Committee for Standardization, Brussels, 2004.

[22] EN 338: 2009: Structural timber-Strength classes [S]. European Committee for Standardization, Brussels, 2009.

[23] EN 1990: 2002: Eurocode-Basis of structural design [S]. European Committee for Standardization, Brussels, 2002.

[24] Barrett, J. D., Lau, W., 1994. Canada Lumber Properties. Canadian Wood Council, Ottawa, Ontario, Canada.

[25] 李天娥. 基于可靠度要求的木材强度设计值确定 [D]. 哈尔滨：哈尔滨工业大学，2011.

[26] 乔梁. 木结构可靠度分析及木产品强度设计指标的确定方法 [D]. 哈尔滨：哈尔滨工业大学，2015.

[27] GB 50009—2012 建筑结构荷载规范 [S]. 北京：中国建筑工业出版社，2012.

[28] GB/T 26899—2011 结构用集成材 [S]. 北京：中国标准出版社，2011.

[29] Foschi, R. O., Folz, B. R. and Yao, F. Z. 1989. Reliability-based design of wood structures [M]. Structural Research Series, Report No. 34. Department of Civil Engineering, University of British Columbia, Vancouver, B. C. [M] Vancouver: First Folio Printing Corp. Ltd., 1989.

[30] ASTM D 245-00: Standard Practice for Establishing Structural Grades

and Related Allowable Properties for Visually Graded Lumber [S]. West Conshohcken, PA: American Society for Testing and Materials, 2000.

[31] Ranta-Maunus, A., Fonselius, M., Kurkela, J., Toratti T. Reliability analysis of timber structures [M]. Espoo, Finland: VTT Research Notes 2109, Technical Research Centre of Finland, 2001.

[32] Hilmer Riberholt. European structural timber-Determination of mechanical properties and their variability (Technical Report to GB 50005 Committee) M]. Copenhagen, Denmark: European Wood, 2015.

[33] GB 50206—2012 木结构工程施工质量验收规范 [S]. 北京：中国建筑工业出版社，2012.

[34] GBJ 206—83 木结构工程施工及验收规范 [S]. 北京：中国建筑工业出版社，1984.

[35] ASTM D 2555-98: Standard test methods for establishing clear wood strength values [S]. West Conshohcken, PA: American Society for Testing and Materials, 2003.

[36] EN 338: 2009: Structural timber-Strength classes [S]. European Committee for Standardization, Brussels, 2009.

[37] Madsen, B. 1992. Structural behaviour of timber. Timber Engineering Ltd., 575 Alpine Court, North Vancouver, BC.

[38] GB/T 50329—2012 木结构试验方法标准 [S]. 北京：中国标准出版社，2012.

[39] ASTM D 143-94: Standard test methods for small clear specimens of timber [S]. West Conshohcken, PA: American Society for Testing and Materials, 2000.

[40] EN 408: 2010: Timber structures-Structural timber and glued laminated timber-Determination of some physical and mechanical properties [S]. European Committee for Standardization, Brussels, 2010.

[41] EN 1194: 1999: Timber structures-Glued laminated timber-Strength classes and determination of characteristic values [S]. European Committee for Standardization, Brussels, 1999.

[42] CSA O86-14 Engineering Design in Wood [S]. Canadian Standards

Association, Toronto, 2014.

[43] Sven Thelandersson and Hans J. Larsen. 2003. Timber Engineering. John Wiley & Sons Ltd, The Atrium, Southern Gate, Chichester, West Sussex PO19 8SQ, England.

[44] ASTM D 2915-03 Standard practice for evaluating allowable properties for grades of structural lumber [S] . West Conshohcken, PA: American Society for Testing and Materials, 2003.

[45] Canadian Wood Council, Wood Design Manual [M], Ottawa, Ontario, Canada, 2001.

第4章 轴心受压木构件和受弯木构件的稳定问题

轴心受压木构件和受弯木构件的稳定问题主要体现在稳定系数的计算上。《木结构设计规范》GB 50005—2003[1]中已有的轴心受压木构件稳定系数的计算方法，仅适用于方木与原木制作的木构件，用于计算现代木产品受压构件的稳定系数，就会产生很大的偏差。《胶合木结构技术规范》GB/T 50708—2012[2]则直接采用了美国木结构设计规范 NDSWC-2005[3]轴心受压木构件稳定系数的计算式和计算方法，而中美两国木结构设计规范对稳定问题的认识和处理方法各不相同，这使我国规范中稳定系数的计算出现了形式和本质上都存在明显不一致的情况。因此，亟需更新与改进稳定系数的计算方法，建立一种统一的方法计算稳定系数，以与现代木结构的发展相适应。

轴心受压木构件和受弯木构件稳定系数的计算取值对结构的安全性与经济性有重要影响。稳定系数的大小取决于构件的长细比和所用木材的弹性模量 E、顺纹抗压强度 f_c 及比值 E/f_c。如果比值 E/f_c 较大，则说明材料的强度较低，构件的承载力更趋向于由材料的强度决定，稳定系数也就应越大。不同的木产品，具有不同的弹性模量和抗压强度。所计算的稳定系数是否准确，在于计算式中是否正确反映了比值 E/f_c 的影响。问题在于，不同强度等级的木产品具有不同的弹性模量和抗压强度，因而比值 E/f_c 不同。而规范 GB 50005—2003 中的稳定系数计算式中，针对方木与原木将比值 E/f_c 作了定值处理，所以不适用于现代木产品的构件。另外，在荷载持续作用下，木材的强度会降低。但荷载持续作用是否会影响木材的弹性模量，各国学者尚存在不同的认识。这导致不同国家的木结构设计规范中，同一种木产品受压构件的稳定系数的计算结果不同。基于这种背景，本章提出了既适用于方木与原木受压构件，又适用于进口锯材和层板胶合木受压构件的统一的稳定系数计算式，通过回归分析确定了计算式中各系数的值，并通过规格材受压构件承载力试验研究和随机有限元分析，验证了计算式的正确性和适用性。采用与受压木结构稳定系数类似的处理方法，本章还提出了适用于各类木产品受弯木构件侧向稳定系数的计算式，并通过回归分析确定了计算式中各系数的值。根据已纳入规范 GB 50005 的木产品的特点，稳定系数计算式中的各系数按方木与原木、北美和欧洲锯材（含进口北美目测分等规格材、机械分等规格材、方木和欧洲锯材）以及层板胶合木和结构复合木材等种类给出。

4.1 轴心受压木构件的稳定问题

轴心受压木构件可能发生两种形式的破坏，一是构件较短粗时，截面的平均压应力达到构件木材的抗压强度 f_c 而破坏；二是构件较细长时，截面的平均应力并未达到构件木材的抗压强度 f_c 时即发生弯曲而丧失继续承载的能力。前者称构件的强度问题，后者称构件的稳定问题。临界应力是计算轴心受压木构件承载力的基础，故首先介绍临界应力的计算问题。

4.1.1 轴心受压木构件的临界应力-第一类稳定问题

1. 压杆的失稳现象

在压力不大时，细长的理想轴心受压直杆只产生轴向压缩变形，并保持直线平衡状态。若压杆受到微小的横向扰力作用，就会发生微弯曲。如果扰力消失，压杆将恢复到原来的直线平衡状态。压杆的这种平衡状态称为稳定平衡，或称压杆是稳定的。当轴心压力增大至某一值时，在横向扰力作用下，压杆仍发生轻微弯曲，但即使横向扰力消失，压杆再也不能恢复到原来的直线平衡状态了，而是保持这种微弯的平衡状态。压杆的这种平衡状态称为临界平衡，或称压杆处于临界平衡状态，亦称随遇平衡。当轴心压力超过某一值时，在横向扰力作用下，原处于直线平衡状态的压杆会发生急剧增大的弯曲变形而迅速压溃。压杆的这种平衡状态称为不稳定平衡，或称压杆失稳。

处于临界平衡状态的压杆，可以维持直线平衡状态，也可以维持微弯平衡状态。临界平衡状态是压杆由稳定平衡过渡到不稳定平衡的分界点，也称分枝点，所对应的压力值称为临界力 N_{cr}（cr-critical），压杆横截面上的平均应力称为临界应力 σ_{cr}（Critical stress）。压件失稳又称屈曲（Buckling），压杆的这种屈曲现象也可称为分枝点屈曲（Bifurcation buckling）。

理想细长受压直杆的稳定，属压杆的第一类稳定问题。非理想压杆由于存在初曲率或初偏心等初始几何缺陷，失稳前即已发生弯曲变形，当压力达到一定值时，压杆由于弯曲变形骤然增大而失去继续承载的能力。压杆这类失稳现象称为第二类稳定问题。由于压杆的荷载-位移曲线呈现荷载的峰值点，第二类稳定问题也称极值点屈曲（Limit point buckling）。由于总是会存在各种初始几何缺陷或材料缺陷，理想直杆在实际工程中并不存在，现实中的失稳现象实际上均属第二类稳定问题。

2. 压杆弹性屈曲的临界力-欧拉公式

临界力最初由德国力学家欧拉（Euler）于 1774 年求解处于临界平衡状态的线弹性受压杆的平衡微分方程获得，即著名的欧拉公式，表示为

临界力 $$N_{cr} = \frac{\pi^2 EI}{(\mu l)^2} \tag{4-1}$$

临界应力 $$\sigma_{cr} = \frac{\pi^2 E}{\lambda^2} \tag{4-2}$$

式中：E 为材料的弹性模量；I 为压杆横截面的惯性矩；l 为压杆的长度；λ 为压杆的长细比，$\lambda = \mu l / i$，其中 i 为截面的回转半径，$i = \sqrt{I/A}$，A 为横截面的面积；μ 为计算长度系数（$l_0 = \mu l$ 称为计算长度），是压杆失稳模态的半波长与压杆原长 l 的比

值。计算长度系数的大小与压杆两端的支承条件有关，规范 GB 50005—2003 规定的计算长度系数取值为 $\mu=1.0$（两端铰支），$\mu=2.0$（一端固定，一端自由），$\mu=0.8$（一端固定，一端铰支）。规范 GB/T 50708—2012[2] 和新修订的规范 GB 50005—2017 采用了美国规范 NDSWC[3] 的规定，取值为 $\mu=1.0$（两端铰支），$\mu=2.1$（一端固定，一端自由），$\mu=0.8$（一端固定，一端铰支），$\mu=0.65$（两端固定），$\mu=1.2$（一端固定，一端可平移），$\mu=2.4$（一端铰支，一端可平移）。

欧拉公式在线弹性范围内才适用，即 $\sigma_{cr} \leqslant \sigma_p$，$\sigma_p$ 为比例极限。由此获得欧拉公式适用的界限长细比为

$$\lambda_p = \sqrt{\frac{E}{\sigma_p}} \tag{4-3}$$

3. 压杆弹塑性屈曲的临界应力

当压杆的长细比小于界限长细比，即 $\lambda < \lambda_p$ 时，失稳时其应力将超过比例极限，杆件材料进入弹塑性阶段，弹性模量不再是常数，且随长细比的减小，失稳时的"弹性模量"也不断降低，即发生弹塑性屈曲。

1889 年恩格塞尔（Engesser）提出了切线模量理论来求解材料进入弹塑性阶段的临界应力。恩格塞尔将切线模量定义为 $E_t = d\sigma/d\varepsilon$，用以替代欧拉公式中的弹性模量 E，从而将欧拉公式从形式上推广到非弹性范围，即

$$\sigma_{cr} = \frac{\pi^2 E_t}{\lambda^2} \tag{4-4}$$

1895 年，恩格塞尔接受了俄国学者雅辛斯基（Феликс Ясинский）的建议，考虑到失稳时压件弯曲的凸边产生卸载现象，使凸边仍处于弹性状态，而凹边则进入弹塑性状态，因此提出了与弹性模量 E 和切线模量 E_t 有关的双模量理论，又称折算模量理论。1910 年冯·卡门（von Karman）推导出了矩形截面的折算模量 E_r 为

$$E_r = \frac{4EE_t}{(\sqrt{E} + \sqrt{E_t})^2} = \frac{4E}{\left(\sqrt{\dfrac{E}{E_t}} + 1\right)^2} \tag{4-5}$$

用折算模量 E_r 替代弹性模量并代入欧拉公式，即获得按折算模量理论计算的临界力或临界应力。

后来发现，按折算模量理论计算的承载力结果往往高于试验值，而按切线模量理论的计算结果更接近于实际情况。1947年，香莱（Shanley）从理论与试验上证明了压杆弹塑性屈曲的临界力以折算模量理论的计算结果为上限，而以切线模量理论的计算结果为下限，解释了切线模量理论计算结果更接近于实际情况的原因，因此切线模量理论更具实用价值。

4. 临界应力的 Ylinen 解

1956年芬兰力学家 Arvo Ylinen 发表了基于恩格塞尔切线模量理论求解临界应力的一种方法[4]，其采用的材料的应力-应变关系为

$$\varepsilon = \frac{1}{E}\left[c\sigma - (1-c)\sigma_y \ln\left(1 - \frac{\sigma}{\sigma_y}\right) \right] \tag{4-6}$$

式中：c 是反映材料非线性性质（包括材料缺陷影响）的参数，一般情况下 $c \leqslant 1$，如果 $c = 1$，则代表理想弹塑性材料，上式即简化为虎克定律；σ_y 是材料的屈服强度。令切线弹性模量 $E_t = \mathrm{d}\sigma/\mathrm{d}\varepsilon$，代入式（4-6）得

$$E_t = E\frac{\sigma_y - \sigma}{\sigma_y - c\sigma} \tag{4-7}$$

式（4-7）中令 $\sigma = \sigma_{cr}$，并将式（4-7）代入式（4-4），得

$$\sigma_{cr} = \sigma_E \frac{\sigma_y - \sigma_{cr}}{\sigma_y - c\sigma_{cr}} \tag{4-8}$$

式（4-8）是临界应力 σ_{cr} 的一元二次方程，其中 $\sigma_E = \dfrac{\pi^2 E}{\lambda^2}$，为欧拉临界应力。求解式（4-8）得

$$\sigma_{cr} = \frac{\sigma_E + \sigma_y}{2c} - \sqrt{\left(\frac{\sigma_E + \sigma_y}{2c}\right)^2 - \frac{\sigma_E \sigma_y}{c}} \tag{4-9}$$

式(4-9)即为美国规范 NDSWC-2005[3]计算轴心受压木构件稳定系数的基础。

4.1.2　基于第二类稳定理论的临界应力-柏利公式

实际工程中并不存在理想直杆，构件普遍存在各种材料缺陷、制作和安装偏差等。这些因素对压杆稳定的影响通常通过压杆的初弯曲（初曲率）或初偏心来表示。有别于理想压杆的稳定问题，这类稳定问题称为第二类稳定问题。

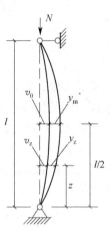

图 4-1　具有初弯曲压杆的变形

初弯曲是指压杆不直，存在初始挠曲。初偏心是指轴向力不通过截面形心，有初始偏心距。图 4-1 所示为一两端铰支、存在初弯曲 $y = v_0 \sin(\pi z/l)$ 的压杆，其中央高度处的初弯曲为 v_0。在轴向压力 N 作用下，高度中央的挠曲增量为 y_m，则挠曲线方程为 $y = (v_0 + y_m)\sin(\pi z/l)$。如果将理想压杆的欧拉临界力用 N_E 表示，且令 $\alpha = N/N_E$，则通过求解存在初弯曲压杆的平衡微分方程，可获得压杆由于弯矩产生的挠度为

$$y = \frac{\alpha}{1-\alpha} v_0 \sin(\pi z/l) \tag{4-10}$$

压杆的总挠度方程为：

$$y = v_0 \sin(\pi z/l) + \frac{\alpha}{1-\alpha} v_0 \sin(\pi z/l) = \frac{1}{1-\alpha} v_0 \sin(\pi z/l) \tag{4-11}$$

最大总挠度发生在压杆高度中央处，为 $v_0/(1-\alpha)$。$1/(1-\alpha)$ 称为挠度放大系数或弯矩放大系数。

当压力增大到某一值时，图 4-1 所示压杆的挠度将迅速增大。对理想弹塑性材料，当由轴力和弯矩产生的压应力之和在凹边达到材料的屈服极限时，即认为达到了极限状态，由此可以求

138

解横截面上对应于极限状态的平均压应力，也称之为临界应力，其表达式称为柏利（Perry）公式。

临界应力是理想直杆由直线平衡状态过渡到微弯平衡状态所对应的应力。对于带有初弯曲的压杆，并不存在直线平衡状态或临界平衡状态，极限状态所对应的应力应称为极限应力。为表述方便，仍称其为临界应力，并用 σ_{cr} 表示。对受压木构件而言，木材的抗压强度和抗弯强度并不相同，达到极限状态的方程为

$$\frac{\sigma_{cr}}{f_c} + \frac{\sigma_{cr}A(v_0 + y_m)}{Wf_b} = 1 \qquad (4\text{-}12)$$

式中：σ_{cr} 为临界应力（极限应力）；A 为构件横截面的面积；W 为抗弯截面模量；f_c 为构件木材的抗压强度；f_b 为抗弯强度。若以相对初曲率 ε_0 代替 Av_0/W，则上式变为

$$\frac{\sigma_{cr}}{f_c} + \frac{\sigma_{cr}\varepsilon_0}{f_b}\frac{1}{1-\alpha} = 1 \qquad (4\text{-}13)$$

式中，$\alpha = N/N_E = \sigma_{cr}/\sigma_E$，$\sigma_E$ 为欧拉临界应力。式(4-13) 可进一步表示为

$$\frac{\sigma_{cr}}{f_c} + \frac{\sigma_{cr}\varepsilon_0}{f_b}\frac{\sigma_E}{\sigma_E - \sigma_{cr}} = 1 \qquad (4\text{-}14)$$

式(4-14) 为临界应力 σ_{cr} 的一元二次方程，其解为

$$\sigma_{cr} = \frac{f_c + (1 + \varepsilon_0 f_c/f_b)\sigma_E}{2} - \sqrt{\left[\frac{f_c + (1 + \varepsilon_0 f_c/f_b)\sigma_E}{2}\right]^2 - f_c\sigma_E}$$
$$(4\text{-}15)$$

进一步整理为

$$\sigma_{cr} = \frac{f_c}{\dfrac{f_c/\sigma_E + (1 + \varepsilon_0 f_c/f_b)}{2} + \sqrt{\left[\dfrac{f_c/\sigma_E + (1 + \varepsilon_0 f_c/f_b)}{2}\right]^2 - f_c/\sigma_E}}$$
$$(4\text{-}16)$$

式(4-15)、式(4-16) 仍可称为临界应力的柏利公式。式(4-15) 是我国钢结构设计规范计算轴心受压构件稳定系数的基础[5]，只不过对钢材而言，$f_c = f_b = f_y$。而式(4-16) 则是欧洲规范

EC 5[6]计算稳定系数的基础。式(4-15)、(4-16)中如果令 $\varepsilon_0 = 0$，则得对应 $c = 1.0$ 时临界应力的 Ylinen 解，即式(4-9)。可见，Perry 求解的是理想弹塑性材料的非直线压杆的临界应力，Ylinen 求解的是非理想弹塑性材料的直线压杆的临界应力。

4.2 轴心受压木构件的稳定系数

4.2.1 稳定系数计算式的基本形式

轴心受压构件的稳定系数（Stability coefficient），反映的是构件在一定的长细比条件下稳定问题与强度问题所决定的承载力间的差别，可表示为

$$\varphi = \frac{\sigma_{cr}}{f_c} \qquad (4-17)$$

式中：σ_{cr} 为由试验获得的构件失稳时的平均应力（临界应力）或按 4.1 节中介绍的方法计算获得的临界应力；f_c 为构件材料的抗压强度，可由试验获得。对木构件而言，临界应力和材料强度还受木材缺陷的影响和荷载持续作用效应的影响，问题会更复杂些。

式(4-17) 所表示的稳定系数可以是由稳定控制的承载力与强度承载力试验结果的比值，从这个意义上讲，稳定系数是一种试验结果。针对同一受压构件，由不同国家的学者所确定的稳定系数应是相同的，因为稳定系数反映的是同一事实，即试验结果。对工程设计中的稳定问题而言，式(4-17) 中的临界应力和材料强度在设计规范中都将用规定的临界应力的设计值和材料强度的设计值代替。从这个意义上讲，稳定系数又是一种规定值，因此不同国家规范中的稳定系数值也就可以不同。轴心受压木构件稳定承载力的设计值应表示为

$$N_{cr,R} = f_{cr,d} A = \frac{f_{cr,k} K_{cr,DOL}}{\gamma_{cr,R}} A \qquad (4-18)$$

式中：$N_{cr,R}$ 为构件由稳定控制的承载力设计值；$f_{cr,d}$ 为符合考虑稳定问题的受压木构件可靠度要求的木材强度设计值，或称为临界应力设计值；$f_{cr,k}$ 为临界应力标准值（5 分位值，也称特征值）；$K_{cr,DOL}$ 为稳定承载力的荷载持续作用效应系数；$\gamma_{cr,R}$ 为满足可靠性要求的稳定承载力的抗力分项系数；A 为构件截面面积。值得指出的是，式(4-18) 及以下相关各式中的强度指标，都是结构木材的强度，不是清材的强度。轴心受压木构件有强度破坏和失稳破坏两种形式，理论上需要两种强度设计指标，即抗压强度设计值和临界应力设计值。而实际采用的设计方法是，只规定木材的抗压强度设计值，临界应力设计值则由抗压强度设计值乘以稳定系数获得。故轴心受压木构件的稳定承载力应表示为

$$N_{cr,R} = \varphi f_c A = \frac{\varphi f_{ck} K_{DOL}}{\gamma_R} A \qquad (4-19)$$

式中：f_c 为木材或木产品的抗压强度设计值；f_{ck} 为木材或木产品的抗压强度标准值；φ 为木压杆的稳定系数；K_{DOL} 为木材或木产品强度的荷载持续作用效应系数；γ_R 为满足可靠性要求的抗力分项系数。根据式(4-18)、式(4-19)，压杆的稳定系数可表示为

$$\varphi = \frac{f_{cr,k} K_{cr,DOL} \gamma_R}{\gamma_{cr,R} f_{ck} K_{DOL}} \qquad (4-20)$$

式(4-20) 表示的是计算受压木构件承载力设计值所需要的稳定系数，用以表示结构木材的临界应力设计值与抗压强度设计值之间的关系，即 $f_{cr,d} = \varphi f_c$。因为强度设计值是一种规定值，稳定系数也可以看成一种规定值。

基于不同的认识，各国木结构设计规范对式(4-20) 中有关参数的处理方法不同，使稳定系数的具体表达式和计算结果也各不相同。为明晰，将有关国家的规范对各参数的不同认识和处理方法，列于表 4-1。

各国规范轴心受压木构件稳定系数相关参数的处理   表 4-1

规范国别	$K_{cr,DOL}$	$\gamma_{cr,R}$	E/f_c	计算式的形式
中国	$K_{cr,DOL}=K_{DOL}$	$\gamma_{cr,R}=\gamma_R$	定值	分段
日本	$K_{cr,DOL}=K_{DOL}$	$\gamma_{cr,R}=\gamma_R$	定值	分段
俄罗斯	$K_{cr,DOL}=K_{DOL}$	$\gamma_{cr,R}=\gamma_R$	定值	分段
欧洲	$K_{cr,DOL}=K_{DOL}$	$\gamma_{cr,R}=\gamma_R$	变量	连续
美国	$K_{cr,DOL}=1.0$	$\gamma_{cr,R}\neq\gamma_R$	变量	连续
加拿大	$K_{cr,DOL}=1.0$	$\gamma_{cr,R}\neq\gamma_R$	变量	连续
澳大利亚	$K_{cr,DOL}=K_{DOL}$	$\gamma_{cr,R}\neq\gamma_R$	变量	分段

由表 4-1 可以看出，有关参数的不同处理主要归结为三个方面。一是对荷载持续作用效应的处理，中、欧、日、俄、澳等国家的规范[1,6～9]认为荷载持续作用效应对稳定问题和强度承载力的影响相同，即 $K_{cr,DOL}=K_{DOL}$；而美国、加拿大的规范[3,10]认为荷载持续作用效应仅对木材强度有影响，对木材的弹性模量无影响，即对稳定问题无影响。二是稳定问题的承载力与强度承载力的抗力分项系数的处理，中、欧、日、俄等国家的规范认为稳定问题的承载力和强度承载力具有相同的抗力分项系数，即 $\gamma_{cr,R}=\gamma_R$，而其他国家的规范则采用不同的抗力分项系数。三是对弹性模量与抗压强度之比值 E/f_c 的处理，中、日、俄等国家的规范作了定值处理，其他各国则处理为变量。显然，将 E/f_c 处理为变量的做法更符合经应力分级的现代木产品。至于采用连续式还是分段式的稳定系数计算式，则取决于所采用的临界应力计算式的形式，并没有实质差别。可以想见，由于上述认识和处理方法不同，各国规范中稳定系数的计算结果不会是相同的，甚至可能存在很大的差别。因此，直接比较不同国家规范间稳定系数的计算结果是没有实际意义的，只有在将上述认识和处理方法统一到一致的基础上，比较稳定系数的计算结果才有意义。根据中、欧、日、俄等国家规范的处理方法，式(4-20) 可简化为式(4-21)的形式，即简化为强度标准值之比。

$$\varphi = \frac{f_{cr,k}}{f_{ck}} \qquad (4-21)$$

按美国、加拿大等国家规范的处理方法，式（4-20）可简化为式（4-22）的形式，即简化为临界应力的设计值与抗压强度设计值之比。

$$\varphi = \frac{f_{cE}}{f_c} \qquad (4-22)$$

式中：f_{cE} 为受压木构件临界应力的设计值；f_c 为受压构件木材的抗压强度设计值。

4.2.2 规范 GB 50005—2003 中受压木构件稳定系数的计算方法

在我国最早的木结构设计暂行规范（规结-3—55）[11]中，计算受压木构件的稳定系数完全采用了当时苏联规范的计算方法[12]，用下列各式表示：

$$\lambda > 75，\ \varphi = \frac{3100}{\lambda^2} \qquad (4-23)$$

$$\lambda \leqslant 75，\ \varphi = 1 - 0.8 \left(\frac{\lambda}{100}\right)^2 \qquad (4-24)$$

《木结构设计规范》GBJ 5—73[13]对受压木构件的稳定系数计算式进行了一定修改，将界限长细比由 75 取为 80，并将稳定系数值降低了约 3%，计算式为

$$\lambda > 80，\ \varphi = \frac{3000}{\lambda^2} \qquad (4-25)$$

$$\lambda \leqslant 80，\ \varphi = 1.02 - 0.55 \left(\frac{\lambda + 20}{100}\right)^2 \qquad (4-26)$$

《木结构设计规范》GBJ 5—88[14]中受压木构件稳定系数的计算式是黄绍胤教授等经对大量试验结果回归分析，基于式(4-2)或式(4-4) 计算获得的[15]。由于木材的强度都是基于清材小试件的试验结果确定的，故设清材的轴心抗压强度和弹性模量分别

为 f、E，将轴心受压试验获得的压溃时的平均应力视为临界应力 σ_{cr}，并代入式(4-2)或式(4-4)反算弹性模量，记为 E_t。引入下述两个无量纲的参数 $t=E_t/E$，$k=\sigma_{cr}/f$，经对不同树种受压试件试验结果归纳整理，获得 k 与 t 间的关系，如图 4-2 所示。由该图可获得下列表达式：

$$k \leqslant k_c，t=c$$
$$k > k_c，t=a-bk$$

图 4-2 表明，当 $k \leqslant k_c$ 时，$t=c$，所换算的压杆的弹性模量 $E_t = cE$，保持常数。只有在弹性范围内失稳，不同长细比压杆的弹性模量才能保持为常数。因此，k_c 即为压杆弹性屈曲与弹塑性屈曲的分界点。压杆实际上存在各种缺陷，包括木材的材料缺陷、压杆不直、试验时压力不完全对中等，数值小于 1 的常数 c 正反映了这些缺陷对木材弹性模量或临界应力的影响。对应于 k_c 的杆件长细比 λ_p 为

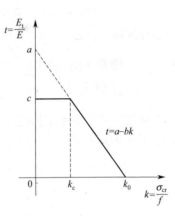

图 4-2 $k\text{-}t$ 关系示意图

$$\lambda_p = \sqrt{\frac{\pi^2 cE}{k_c f}} \tag{4-27}$$

当 $k > k_c$ 时，t 随 k 的增加线性减小。当 $t=0$ 时，弹性模量也降至 0，$k_0 = a/b$，此时代表压杆全截面屈服，转化为强度问题。因此 k_0 代表压杆各种缺陷对木材强度的影响，是一个小于 1 的折减系数。实际上 k_0 也是结构木材与清材抗压强度的比值，结构木材的抗压强度为 $k_0 f$。

将 $E_t = cE$ 代入欧拉公式(4-2)，得弹性屈曲的临界应力为：

$$\lambda > \lambda_p \qquad \sigma_{cr} = \frac{c\pi^2 E}{\lambda^2} \tag{4-28}$$

将 $E_t = tE = (a - bk)E$ 代入欧拉公式(4-4)，得弹塑性屈曲的临界应力为：

$$\lambda \leqslant \lambda_p \qquad \sigma_{cr} = \frac{a\pi^2 E / \lambda^2}{1 + b\pi^2 E / \lambda^2 f} \qquad (4\text{-}29)$$

上述推导过程中所用到的参数 $k_0 f$、$E_t = cE$ 和 $E_t = tE = (a - bk)E$，实际上是考虑了各种缺陷对木材强度和弹性模量的影响，以及初始几何缺陷对临界应力的影响，并实现了由清材向结构木材的转化。这也是由于我国基于清材小试件试验结果确定结构木材的强度设计指标所致。将稳定系数定义为试验所得临界应力与结构木材抗压强度的比值，即

$$\varphi = \frac{\sigma_{cr}}{k_0 f}$$

故有

$$\lambda > \lambda_p \qquad \varphi = \frac{c\pi^2 E}{\lambda^2 k_0 f} = \frac{\pi^2 (c/k_0)(E/f)}{\lambda^2} \qquad (4\text{-}30)$$

$$\lambda \leqslant \lambda_p \quad \varphi = \frac{c\pi^2 E}{\lambda^2 k_0 f} = \frac{a\pi^2 E / \lambda^2}{\left(1 + \dfrac{b\pi^2 E}{\lambda^2 f}\right) k_0 f} = \frac{1}{1 + \left(\dfrac{\lambda}{\pi\sqrt{bE/f}}\right)^2} \quad (4\text{-}31)$$

式(4-30)、式(4-31) 就是规范 GBJ 5—88 轴心受压木构件稳定系数计算式的基础。两式是基于对一定试验结果的回归推导得来的，式中的 f、E 应为清材的抗压强度和弹性模量，但引入参数 $k_0 f$、$E_t = cE$ 和 $E_t = tE = (a - bk)E$ 后，就转化为结构木材的强度和弹性模量了，因此可用以计算足尺受压构件的稳定系数。两式是基于木材的短期强度试验结果获得的，故推导过程中未涉及荷载持续作用效应系数问题（$K_{cr,DOL}$、K_{DOL}），实际上就是认为 $K_{cr,DOL} = K_{DOL}$。两式中不含抗力分项系数（$\gamma_{cr,R}$、γ_R），也就是认为 $\gamma_{cr,R} = \gamma_R$。两式中的比值 E/f，无论是清材和结构木材，由于其抗压强度和弹性模量都近似符合正态分布，且抗压强度和弹性模量的变异系数也相近，故 $E/f \approx E_k / f_{ck}$。总之，式(4-30)、式(4-31) 符合式(4-20) 所代表的计算原则。

对式(4-30)、式(4-31) 中的有关参数作定值化处理，便得到规范 GBJ 5—88 中稳定系数的计算式。式(4-30) 中取 c/k_0 约为 0.93，$E/f \approx 330$，故分子的值约为 3000；式(4-31) 分母中的 $\pi\sqrt{bE/f}$，因 b 大约为 1.5，故该项的值约为 70。但这些参数的具体取值尚与木材树种有关，经适当调整，并将木材树种划分为强度等级较低和较高的两组，稳定系数计算式最终取为下列表达式。

强度等级较低的一组结构木材含 TC13、TC11、TB17 和 TB15，其受压构件稳定系数的计算式为

$$\lambda > 91，\varphi = \frac{2800}{\lambda^2} \tag{4-32}$$

$$\lambda \leqslant 91，\varphi = \frac{1}{1 + \left(\dfrac{\lambda}{65}\right)^2} \tag{4-33}$$

强度等级较高的一组结构木材含 TC17、TC15 和 TB20，其受压构件稳定系数的计算式为

$$\lambda > 75，\varphi = \frac{3000}{\lambda^2} \tag{4-34}$$

$$\lambda \leqslant 75，\varphi = \frac{1}{1 + \left(\dfrac{\lambda}{80}\right)^2} \tag{4-35}$$

从稳定系数的计算式可以看出，规范 GBJ 5—88 的修订的确体现了当时我国木结构的研究成果。

强度等级较高的木材，其承载力更趋于稳定控制，稳定系数的取值应该较小一些；强度等级较低的木材，其承载力更趋于强度控制，稳定系数的取值应该较大一些。规范 GBJ 5—88 所给出的两组稳定系数计算式，趋势与上述理解正好相反，这是其美中不足之处。

规范 GB 50005—2003 中受压木构件稳定系数完全沿用了规范 GBJ 5—88 的计算式，唯一不同之处是木材强度等级较低的一组中增加了 TB13 和 TB11 两个阔叶材强度等级。但将木材的弹

性模量与抗压强度的比值定值化处理后，式（4-32）～式（4-35）仅适合于我国的方木与原木制作的构件，不适用于应力分级的现代木产品构件，规范 GB 50005—2003 将这些稳定系数的计算式用于计算规格材等应力分级的木产品构件，在原则上是难以成立的。

4.2.3　有关国家的规范中稳定系数的计算方法

有关国家的规范是指我国进口结构木材的主要来源国并对规范 GB 50005 修订产生显著影响的国家的规范，主要有美国规范 NDSWC[3] 和欧洲规范 EC 5[6] 等。

1. 美国规范 NDSWC-2005

美国规范 NDSWC-2005[3] 中轴心受压木构件的稳定系数的来源是由式（4-9）表示的临界应力除以材料的屈服强度得到，即

$$\varphi = \frac{\sigma_{cr}}{\sigma_y} = \frac{1+\sigma_E/\sigma_y}{2c} - \sqrt{\left(\frac{1+\sigma_E/\sigma_y}{2c}\right)^2 - \frac{\sigma_E/\sigma_y}{c}} \qquad (4-36)$$

式中：σ_E 为轴心受压木构件的临界应力（欧拉公式）；σ_y 为结构木材的屈服强度，即结构木材的抗压强度。美国规范 NDSWC—2005 认为荷载持续作用效应仅影响木材的强度，对弹性模量没有影响，且强度问题和稳定问题的抗力分项系数（或安全系数，规范 NDSWC 中 ASD 法和 LRFD 法并用）不同，即符合式（4-22）的计算原则。根据式（4-22），将临界应力设计值 f_{cE} 和抗压强度设计值 f_c 代入式（4-36），得

$$\varphi = \frac{1+f_{cE}/f_c}{2c} - \sqrt{\left(\frac{1+f_{cE}/f_c}{2c}\right)^2 - \frac{f_{cE}/f_c}{c}} \qquad (4-37)$$

式中：c 为与木材种类有关的系数，锯材（规格材、方木）取 $c=0.80$，胶合木或结构复合木材取 $c=0.90$，圆木柱或桩取 $c=0.85$。

式（4-37）即美国规范 NDSWC-2005 采用的稳定系数计算式。该规范同时采用 ASD 法和 LRFD 法，但木材及木产品的强

度设计指标按 ASD 法给出。采用 LRFD 法时，则将允许应力乘以形式转换系数得 LRFD 法的强度设计值，所以两种方法稳定系数的计算结果是相同的。规范 NDSWC-2005 给出的临界应力设计指标为

$$f_{cE} = \frac{\pi^2 E_{\min}}{\lambda^2} \tag{4-38}$$

美国规范 NDSWC-2005 中"长细比"的计算方法与欧拉公式中长细比的计算方法并不相同，式(4-38) 中的长细比已调整为与欧拉公式一致的计算方法。式中的弹性模量 $E_{\min}$ 系由纯弯弹性模量的标准值除以安全系数 1.66 所得（亦可视为由临界应力的标准值除以安全系数所得；ASD 法中允许应力 f_c 由木材的抗压强度标准值除以安全系数 1.9 得到，刨除荷载持续作用效应系数 0.625，实有的安全系数为 $1.9 \times 0.625 \approx 1.19$)，即 $E_{\min} = \mu E (1 - 1.645 V_E)/1.66$。其中 μ 为将表观弹性模量（Apparent MOE）转化为纯弯弹性模量的系数，胶合木取 $\mu = 1.05$，其他木产品均取 $\mu = 1.03$；E 为规范规定的木材或木产品的弹性模量（平均值）；V_E 为弹性模量的变异系数，目测应力分级锯材（规格材、方木）取 $V_E = 0.25$，机械应力分级木材取 $V_E = 0.11$，机械评级木材取 $V_E = 0.15$，胶合木取 $V_E = 0.10$。

式(4-37) 中木材弹性模量和强度的比值（含在 f_{cE}/f_c 中），没有作定值化处理，所以该式适用于规格材、锯材和层板胶合木等应力分级的木产品受压构件稳定系数的计算。但根本问题在于式(4-37) 代表了美国规范 NDSWC 对相关参数的认识和处理方法，符合式(4-22) 的计算原则，不符合式(4-21) 代表的规范 GB 50005 的计算原则。规范 GB/T 50708—2012[2] 采用了式(4-37) 计算受压构件的稳定系数，使本来属于两种不同计算原则的稳定系数计算方法，在我国的木结构设计规范体系里混为一谈了。且不说这将导致稳定系数计算结果大小的不同，主要在于引起了稳定问题计算原则上的混乱。规范 GB/T 50708—2012 中的普通层板胶合木，其适合的计算方法等同于方木与原木，式(4-37) 也

并不适用于普通层板胶合木。普通层板胶合木受压构件的稳定系数在规范 GB 50005—2003 中按式(4-32)～式(4-35) 计算，在规范 GB/T 50708—2012 中则按式(4-37) 计算，结果将大不相同。另外，规范 GB/T 50708—2012 采用第 3 章介绍的软转换法确定临界应力设计指标 f_{cE}，即将美国规范 NDSWC-2005 中的临界应力设计指标换算到规范 GB/T 50708—2012 中（实际上是换算弹性模量 E_{min}），但对美国规范 NDSWC-2005 的设计参数引用错误，将荷载持续作用效应系数误用于弹性模量，而美国规范认为荷载持续作用效应对弹性模量没有影响，导致临界应力设计指标 f_{cE} 即使与软转换法的本意也并不相符。可见，规范 GB/T 50708—2012 稳定系数的计算从原则上到个别参数的确定上，都存在有待进一步解决的问题。

2. 欧洲规范 Eurocode 5

欧洲规范 EC 5[6]中受压木构件的稳定系数由式(4-16) 表示的临界应力除以结构木材的抗压强度得到，即

$$\varphi = \cfrac{1}{\cfrac{1+\varepsilon_0 f_c/f_b+f_c/\sigma_E}{2}+\sqrt{\left(\cfrac{1+\varepsilon_0 f_c/f_b+f_c/\sigma_E}{2}\right)^2-f_c/\sigma_E}}$$

$$(4-39)$$

式中：$\varepsilon_0=Av_0/W$，为相对初曲率；f_c 为结构木材的抗压强度；f_b 为结构木材的抗弯强度；σ_E 为受压木构件的临界应力（欧拉公式）。欧洲规范 EC 5 认为荷载持续作用效应对木材的强度和弹性模量影响相同，且强度问题和稳定问题的抗力分项系数相同，因而符合式(4-21) 代表的计算原则。根据式(4-21)，将临界应力标准值 σ_{Ek}、抗压强度标准值 f_{ck} 和抗弯强度标准值 f_{bk} 代入式(4-39)，得

$$\varphi = \cfrac{1}{\cfrac{1+\varepsilon_0 f_{ck}/f_{bk}+f_{ck}/\sigma_{Ek}}{2}+\sqrt{\left(\cfrac{1+\varepsilon_0 f_{ck}/f_{bk}+f_{ck}/\sigma_{Ek}}{2}\right)^2-f_{ck}/\sigma_{Ek}}}$$

$$(4-40)$$

欧洲规范 EC 5 定义相对长细比 $\lambda_{\text{rel}} = \sqrt{f_{\text{ck}}/\sigma_{\text{Ek}}} = (\lambda/\pi)\sqrt{f_{\text{ck}}/E_{\text{k}}}$，认为长细比 $\lambda \leqslant 15$（对应 $\lambda_{\text{rel}} = 0.3$）的受压木构件不再发生失稳破坏，且将 $(\varepsilon_0 f_{\text{ck}}/f_{\text{bk}})$ 处理为 $\beta(\lambda_{\text{rel}} - 0.3)$，所采用的稳定系数计算式最终为

$$\varphi = \cfrac{1}{\cfrac{1+\beta(\lambda_{\text{rel}}-0.3)+\lambda_{\text{rel}}^2}{2} + \sqrt{\left[\cfrac{1+\beta(\lambda_{\text{rel}}-0.3)+\lambda_{\text{rel}}^2}{2}\right]^2 - \lambda_{\text{rel}}^2}}$$

(4-41)

式中：β 为与木产品种类有关的参数，锯材取 $\beta = 0.2$，层板胶合木和旋切板胶合木（LVL）取 $\beta = 0.1$。

对同一木产品构件，如果分别按规范 GB 50005—2003 的式(4-32)～式(4-35)、美国规范 NDSWC-2005 的式(4-37) 和欧洲规范 EC 5 的式(4-41) 计算稳定系数，结果会有很大不同，原因是各国规范对表 4-1 中所列参数的认识和处理方法不同。如果单纯比较各国规范稳定系数的计算结果，其差别之大会使人陷于困惑。但如果将对这些参数的认识和处理方法统一起来，或统一到式(4-21) 的基础上，或统一到式(4-22) 的基础上，式(4-32)～式(4-35)、式(4-37) 和式(4-41) 将给出近似相同的稳定系数计算结果。了解了这一点，对认识和改进 GB 50005—2003 现有的稳定系数计算式，满足木结构设计的需要，是有益的。

4.2.4　轴心受压木构件稳定系数统一计算式

规结-3—55、规范 GBJ 5—73 和规范 GBJ 5—88 只涉及方木与原木，受压木构件稳定系数的计算方法所遵循的原则是一致的。规范 GB 50005—2003 开始引入规格材等进口木产品，新修订的规范 GB 50005—2017 继续扩大引进国外木产品，增加了北美的方木和欧洲锯材，这些产品的特点与方木、原木有所不同，原有的稳定系数计算式就不适用了，需要改进。

为满足规范 GB 50005 修订所需，消除矛盾和冲突，使规范

合理、适用，改进稳定系数的计算方法势在必行。如上所述，各国规范稳定系数计算的原则和方法不尽相同，其中必有合理和不合理的成分。比如荷载持续作用效应对稳定问题力和强度承载力的影响是否相同的问题，稳定问题和强度承载力抗力分项系数是否相同的问题，是我国规范的做法更合理还是某些外国规范的做法更合理？这些都涉及深刻的力学问题和结构可靠度问题，尚需要开展深入的科学研究才能给出无偏见的答案。从材料损伤累积的观点看，在荷载持续作用下，木材受到一定程度的损伤，同为力学指标的材料强度和弹性模量都应该有所降低，尽管降低的程度可能有所不同。从这个意义上讲，我国规范认为荷载持续作用效应既影响木材的强度又影响弹性模量的做法似乎更合理一些。在缺乏确切答案的情况下，还是应该沿用我国规范已有的处理原则和方法，以保持我国规范的延续性和独立性。目前可行的办法是改进稳定系数计算式，其相关参数的处理方法应与表 4-1 中所列规范 GB 50005 的既有方法一致，亦即符合式(4-21) 所代表的计算原则。对进口木产品而言，应能体现不同强度等级的木产品具有不同的强度指标和弹性模量的特点，即应将弹性模量与抗压强度之比 E/f_c 作为变量处理。规范 GB 50005—2003 稳定系数计算式的源式，即式(4-30) 和式(4-31)，符合上述将 E/f_c 作为变量的要求，再结合式(4-21)，提出了以下稳定系数统一计算式，并为规范 GB 50005—2017 所采用。

$$\lambda > \lambda_p \qquad \varphi = \frac{a_c \pi^2 E_k}{\lambda^2 f_{ck}} \qquad (4-42)$$

$$\lambda \leqslant \lambda_p \qquad \varphi = \left(1 + \frac{\lambda^2 f_{ck}}{b_c \pi^2 E_k}\right)^{-1} \qquad (4-43)$$

$$c_c = \pi \sqrt{a_c b_c / (b_c - a_c)} \qquad (4-44)$$

$$\lambda_p = c_c \sqrt{E_k / f_{ck}} \qquad (4-45)$$

式中：E_k、f_{ck} 分别为木材与木产品的弹性模量标准值和抗压强度标准值，与式(4-30) 和式(4-31) 不同的是，E_k、f_{ck} 是结构木材的力学指标，不是清材的；系数 a_c、b_c、c_c 为与木产品种类有关的常数，脚标 c 表示受压构件。下文将通过回归计算的方法，确定与方木和原木、进口锯材及层板胶合木对应的系数 a_c、b_b、c_c 的数值，并通过规格材受压构件承载力试验研究和随机有限元分析，验证所提出的稳定系数计算式的正确性和适用性，使所提出的稳定系数计算式既适用于我国的方木与原木构件，也适用于层板胶合木和进口的现代木产品构件稳定问题的计算。

有必要对木材与木产品的弹性模量标准值作进一步解释。式(4-42)～式(4-45) 中的弹性模量的标准值是弹性模量的 5 分位值。规范 GB 50005—2003 及以前版本中的弹性模量仅是用以计算变形的，而第一极限状态的验算中采用的是弹性模量的平均值、荷载的标准值，所以规范中只给出了弹性模量的平均值，有时也称该平均值为弹性模量的标准值。自规范 GB/T 50708—2012 开始到修订规范 GB 50005—2017，用于计算变形的弹性模量还是其平均值，而用于计算稳定问题的弹性模量则为其标准值（5 分位值）。这是需要严格区分清楚的。一般认为弹性模量符合正态分布，计算稳定问题时需采用纯弯弹性模量，参考美国规范 NDSWC-2005，可按下式计算弹性模量的标准值。

$$E_k = E\mu(1 - 1.645 \times V_E) \tag{4-46}$$

式中：E 为弹性模量的平均值；V_E 为弹性模量的变异系数，目测分级规格材和方木，取 $V_E = 0.25$，机械评级规格材 (MEL)，取 $V_E = 0.15$，机械应力定级（MSR）规格材，取 $V_E = 0.11$，层板胶合木，取 $V_E = 0.10$；μ 为表观弹性模量和纯弯弹性模量间的换算系数，锯材取 $\mu = 1.03$，层板胶合木取 $\mu = 1.05$。

4.3　规格材受压木构件稳定承载力试验研究

试验所用目测分级规格材为云杉-松-冷杉（S-P-F），等级为

No. 2（III$_c$），规格分别有 $2''\times6''$（38mm×140mm，25 根）和
$2''\times8''$（38mm×184mm，27 根）两种。每种规格轴心受压试件
的长度均划分为 $l = 330$mm、660mm、990mm、1320mm、
1650mm、1980mm 6组，每一组含 3～5 个试件不等。试件均设
计为两端铰支，绕弱轴失稳，与长度对应的试件的长细比分别为
$\lambda=30$、60、90、120、150 和 180。

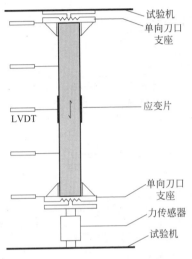

(a) 加载及测量装置布置示意图

(b) 加载实景

图 4-3　规格材受压试件稳定承载力试验

　　试验在液压试验机上进行。如图 4-3 所示，在试件的底部设
置一个力传感器控制荷载的大小和精度，沿试件高度方向均匀布
置 5 个位移传感器（LVDT）测量试件的侧向位移。跨中（试件
高度中部）处宽面上对称布置 4 片标距为 100mm 的应变片（每
面两片），用以测量应变并推算弹性模量和初偏心。

　　按每分钟应变约 1.0×10^{-3} 的速度加载，使试件在 5～
10min 达到极限荷载。试验中规格材受压试件都发生了失稳破
坏，主要体现在试件的侧向位移突然增大或随荷载的增加逐渐
增大。其中长细比 $\lambda=30$ 的试件的侧向位移不太明显。图 4-4

给出了部分试件的荷载-位移曲线。每个试件完成稳定加载试验后，从两端各截取一段170mm长的试块进行抗压强度试验。取两强度试验值中的较小者作为该试件的抗压强度，稳定承载力的试验结果与该强度的比值，即为实测的稳定系数。试验结果列于表4-2。

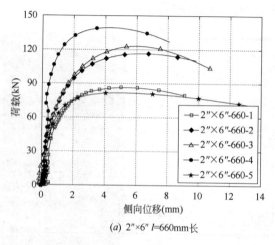

(*a*) 2″×6″ *l*=660mm长

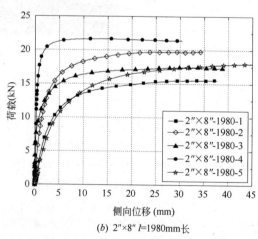

(*b*) 2″×8″ *l*=1980mm长

图4-4 规格材受压试件荷载-侧向位移曲线

L (mm)	λ	n	R (kN)	V_R	E (MPa)	V_E	f_c (MPa)	V_f	$\varphi = R/f_c A$
SPF No. 2 2″×6″									
330	30	4	166.00	20.79	10599	24	32.10	22.07	0.972
660	60	5	109.43	22.51	9067	26	34.85	21.68	0.590
990	90	4	42.90	24.47	7739	17	27.63	27.67	0.292
1320	120	4	34.69	38.93	9864	39	33.55	12.00	0.194
1650	150	5	20.45	18.88	9350	16	29.96	33.00	0.128
1980	180	3	14.96	10.81	9805	7	23.68	24.22	0.119
SPF No. 2 2″×8″									
330	30	5	168.99	3.17	9483	18	26.86	11.81	0.900
660	60	4	119.78	11.43	7951	16	23.67	11.47	0.724
990	90	4	78.15	6.77	10090	4	33.57	6.41	0.333
1320	120	4	40.55	12.58	8728	10	24.85	18.13	0.233
1650	150	5	27.92	5.65	9370	7	27.97	11.03	0.143
1980	180	5	18.46	12.73	8943	11	31.75	13.38	0.083

注：L 为试件长度；λ 为长细比；n 为试件数量；R 为稳定荷载平均值；E 为弹性模量平均值；f_c 为抗压强度平均值；φ 为稳定系数；A 为试件截面面积；V_R、V_E、V_f 分别为稳定荷载、弹性模量和抗压强度的变异系数。

表 4-2 中的破坏荷载、弹性模量和抗压强度都以平均值的形式给出。虽然从统计意义上看试验数量尚显不足，但还是给出了相应力学指标的变异系数。结果表明规格材的抗压强度和弹性模量的变异性与更大量的试验结果[16]还是相符的。稳定系数也以平均值的形式给出，与式(4-21)的定义有所不同，但规格材的弹性模量和抗压强度都近似符合正态分布，表中的稳定系数值仍与按弹性模量和抗压强度标准值计算的结果近似相同。

4.4　规格材受压木构件稳定承载力随机有限元分析

随机有限元分析就是首先建立规格材受压构件材料的抗拉强度和抗压强度、弹性模量以及几何缺陷大小及分布规律的数据库。然后针对某一长细比的构件重复从参数数据库中随机提取一组数据，输入构件的有限元模型中，进行构件的稳定承载力分析。当重复计算的次数足够多时，便获得了具有统计意义的稳定承载力及规格材强度的标准值和平均值，从而计算稳定系数。

受压木构件随机有限元分析所用的规格材的抗拉、抗压强度和弹性模量取自文献［16］，是规格材足尺试件试验的结果，其中假设抗压强度和抗拉强度符合对数正态分布，弹性模量符合正态分布。上述力学指标已反映了材料的各种缺陷的影响。随机有限元分析时所需要的另一个参数为初曲率 $\varepsilon_0 = x/l$，其中 x 是试件长度中点处的初弯曲幅值。根据试验所获得的规格材每一侧面应变的平均值，计算初弯曲幅值，进而计算初曲率。经 52 根规格材试件的统计分析，发现初曲率可用对数正态分布函数描述。

有限元分析中，木材顺纹受压采用简化的理想弹塑性本构关系模型，即压应力达到抗压强度前应力、应变呈线性关系，达到抗压强度后进入完全塑性工作阶段。当某点压应变达到极限压应变（假定为 0.8×10^{-4}）时，该点材料破坏退出工作。木材顺纹受拉采用线弹性本构关系模型，当某点拉应变达到 f_t/E 时，该点材料破坏退出工作。基于 ANSYS 建立了规格材轴心受压构件二维有限元模型，采用平面单元 Plane 182 模拟规格材。先进行规格材轴心受压特征值（Eigen Value）屈曲分析，获得最低阶屈曲模态（正弦半波），再将其作为初始几何缺陷按初曲率的大小引入有限元模型，进行非线性分析。所建立的有限元模型的分析结果与试验结果吻合良好[17]。

按上述方法，对云杉-松-冷杉（S-P-F）、花旗松-落叶松（DF-L）和铁杉-冷杉（H-F）等不同树种、不同规格、不同强度等级和不同长细比的规格材轴心受压构件的稳定承载力进行了随机有限元分析。针对每一长细比的规格材构件，随机抽样 500 次，进行有限元分析，获得了承载力等力学性能指标的分布规律[17]。以 S-P-F No. 2 $2'' \times 8''$的规格材构件为例，将计算结果列于表 4-3。各组长细比规格材的抽样结果都表明，抗压强度标准值均为 17.83MPa、抗压强度平均值均为 25.82MPa，弹性模量标准值均为 6616MPa。

S-P-F NO. 2 2″×8″规格材受压构件稳定承载力随机有限元分析结果

表 4-3

λ	R_{min}(kN)	R_k(kN)	R_m(kN)	R_{max}(kN)	φ_k	φ_m
10	66.47	121.82	163.02	382.49	0.977	0.903
20	73.33	120.41	171.77	474.81	0.966	0.951
40	82.00	114.83	161.33	477.99	0.921	0.894
60	62.23	86.55	127.15	614.30	0.667	0.704
80	40.12	59.07	86.12	553.87	0.451	0.477
100	29.02	40.94	58.83	92.88	0.311	0.326
120	20.33	29.05	42.33	65.16	0.223	0.234
140	15.05	21.88	31.58	48.42	0.167	0.175
160	11.58	16.81	24.42	37.57	0.128	0.135
180	9.19	13.31	19.50	33.30	0.103	0.108
200	7.46	10.93	15.92	24.53	0.084	0.088

注：λ 为长细比；R_{max}、R_{min}、R_m 和 R_k 分别为稳定承载力的最大值、最小值、平均值和标准值。

表 4-3 中 R_{max}、R_{min}、R_m 和 R_k 分别为计算获得的稳定承载力的最大值、最小值、平均值和标准值。稳定系数 φ_k 系按式(4-21)计算的结果，其中 $f_{cr,k}=R_k/A$；φ_m 则为稳定承载力平均值与抗压强度平均值的比值。应予指出，抽样次数是结合计算机耗时凭经验选定的。对 $\lambda=100$ 的 S-P-F No. 2 2″×8″规格材受压构件进行了 500～800 次的抽样计算，结果与表 4-3 基本相同，说明 500 次随机有限元分析计算次数是足够的。

4.5 轴心受压木构件稳定系数统一计算式各系数的确定

所提出的轴心受压木构件稳定系数统一计算式(4-42)～式(4-45)可用以计算各类木产品构件的稳定系数。需经回归分析，确定计算式中系数 a_c、b_c、c_c 的值。稳定系数的计算仍沿用我国相关参数的处理方法（见表 4-1），但为适用于现代木产品，弹性模量与抗压强度的比值 E/f_c 作为变量对待。

4.5.1 方木与原木轴心受压构件

既有的受压木构件的稳定系数计算式，经历次规范修订的演化，适用于方木与原木制作的构件。因此，对方木与原木轴心受压构件的稳定系数而言，式(4-42)、式(4-43) 的计算结果应与式(4-32)~式(4-35) 相同，即将式(4-32)~式(4-35) 稳定系数的计算结果作为式(4-42)、式(4-43) 中系数 a_c、b_c 回归计算的依据，以保持方木与原木受压构件稳定系数计算的延续和一致。确定系数 a_c、b_c 的值后，再按式(4-44) 计算系数 c_c 的值。参考文献 [18] 及规范 GB 50005—2003，回归计算时式(4-42)、式(4-43) 中的 E_k/f_{ck} 取值为：对于 TC17、TC15 和 TB20，取 $E_k/f_{ck} = 330$；对于 TC13、TC11、TB17、TB15、TB13 和 TB11，取 $E_k/f_{ck} = 300$。

回归方法：按式(4-32)~式(4-35)，在长细比 $\lambda = 1 \sim 200$ 的范围内，以 $\lambda = 1$ 的步长计算轴心受压木构件的稳定系数，作为源数据。在长细比 $\lambda = 60 \sim 120$ 的范围内选取某个长细比作为分界点，在分界点两侧分别按式(4-42)、式(4-43) 对源数据进行拟合，由最小二乘法计算系数 a_c、b_c 的值及其误差的平方和。比较各个分界点对应的误差平方和，其最小值对应的系数 a_c、b_c 的值即为最优拟合值，然后按式(4-44) 确定系数 c_c 的值。

受压木构件稳定系数算式中常数 a_c、b_c、c_c 的值　表 4-4

常数	a_c	b_c	c_c
方木与原木 1 组	0.92	1.96	4.13
方木与原木 2 组	0.95	1.43	5.28
进口锯材	0.88	2.44	3.68
层板胶合木	0.91	3.69	3.45

注：方木与原木 1 组含 TC17、TC15、TB20 级木材；方木与原木 2 组含 TC13、TC11、TB17、TB15、TB13、TB11 级木材。

按上述方法，获得了方木与原木轴心受压木构件稳定系数计

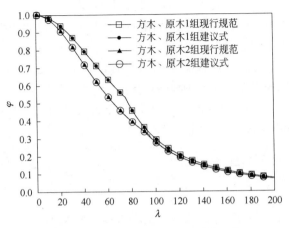

图 4-5　方木与原木构件稳定系数比较

算式中系数 a_c、b_c、c_c的值，列于表 4-4，表中数值取小数点后两位有效数字。图 4-5 所示是所提出的稳定系数计算式与规范 GB 50005-2003 计算式的结果比较，可见两者结果完全吻合，几乎没有差别。可见，所提出的稳定系数统一计算式保持了现行木结构设计规范中原木与方木构件稳定系数计算的延续性和一致性。

4.5.2　北美和欧洲锯材轴心受压构件

北美和欧洲锯材包括北美目测分等规格材、机械分等规格材、北美方木以及欧洲锯材（亦称结构木材）。其共同特点是同一树种或树种组合的木材划分为若干强度等级，由于木材缺陷对木材强度和弹性模量的影响程度不同，各强度等级木材的弹性模量与抗压强度之比 E/f_c不是定值，将其作定值处理的稳定系数计算方法不再适用，需要按式（4-42）～式（4-45）计算。考虑到目前我国主要从北美进口结构用木材，因此计算的稳定系数应与美国规范 NDSWC 的计算结果相同，即式（4-42）～式（4-45）中系数 a_c、b_c、c_c的值可基于美国规范 NDSWC 的稳定系数计算结果回归得到，但表 4-1 中荷载持续作用效应系数和抗力分项系数等参数的处理方法应符合我国规范关于稳定系数的计算原则和计算方法。前已阐明，只要表 4-1 中各参数采用一致的处理原则和方法，不管是按欧洲规范 EC 5、美国规范 NDSWC 计算，还是按 Ylinen 原式计算，所得到的稳定系数的差别都在 5% 以内，所以按美国规范 NDSWC 稳定系数计算结果回归，是可行的。统一到我国的处理方法上，式(4-37) 应改写为

$$\varphi = \frac{1+(f_{cEk}/f_{ck})}{2c} - \sqrt{\left[\frac{1+(f_{cEk}/f_{ck})}{2c}\right]^2 - \frac{f_{cEk}/f_{ck}}{c}}$$

(4-47)

式中：$f_{cEk} = \pi^2 E_k/\lambda^2$，是欧拉临界应力的标准值。式(4-47) 在形式上仍可称为美国规范 NDSWC 稳定系数的计算式，但从严格意义上讲，该式已不是等同于美国规范的计算式了，而是符合我国规范要求的一种表达形式。

规格材（Dimension lumber）和方木（Timbers）各个树种、各强度等级的抗压强度标准值，可根据美国规范 NDSWC-2005 的抗压强度和弹性模量的设计指标反算出来。抗压强度标准值按 $f_{ck} = f_c \times 1.9$ 计算，其中数值 1.9 为安全系数。弹性模量标准值按 $E_k = 1.03E(1-1.645\times0.25)$ 计算。欧洲锯材的抗压强度和弹性模量的标准值直接来自于其结构木材强度等级标准 EN 338[19]。对于北美规格材、北美方木和欧洲锯材，分别按式(4-47) 计算长细比 λ 在 1~200 范围内的稳定系数，作为源数据。再按与我国方木、原木相同的方法回归得到系数 a_c、b_c、c_c的值。

经拟合，得到了适用于规格材的系数 $a_c = 0.876$，$b_c = 2.437$，是全部树种和强度等级规格材回归结果的平均值；适用于北美方木的系数 $a_c = 0.871$，$b_c = 2.443$，也是全部树种和强度等级的北美方木回归结果的平均值。同时，欧洲结构木材由 C14 到 C50 所有强度等级回归结果的平均值为 $a_c = 0.877$，$b_c = 2.433$。这里罗列出了分别适用于这三种进口锯材的系数值，目的是想表明各种锯材所适用的系数值非常接近，这类锯材的稳定

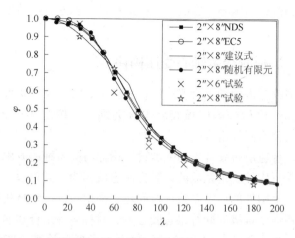

图 4-6 北美锯材受压构件稳定系数比较（S-P-F No. 2 $2''\times8''$）

系数计算式中完全可以采用相同的系数值。最终，将适用于北美规格材、北美方木和欧洲锯材（统称为进口锯材）系数 a_c、b_c 分别取平均值，并由此计算系数 c_c 的值，亦列于表 4-4。

图 4-6 所示是按式(4-42)、式(4-43) 计算的 S-P-F No. 2 $2''\times8''$规格材构件稳定系数与美国规范 NDSWC-2005、欧洲规范 EC 5、随机有限元分析以及试验结果的对比。图中各条曲线吻合良好，美国规范 NDSWC-2005 和欧洲规范 EC 5 计算结果的最大偏差为 4.4%（$\lambda=132$），平均偏差为 2.8%。式(4-42)、式(4-43) 结果与美国规范 NDS-2005 的计算结果相比，最大偏差为11.3%（$\lambda=73$），平均偏差为 5.6%。构件随机有限元分析结果与美国规范 NDSWC-2005 计算结果的最大偏差为 11.9%（$\lambda=90$），平均偏差为 8.0%。试验结果仅代表稳定承载力的平均值，不宜与图中的曲线直接相比。这里仅作为参考，试验结果与美国规范 NDSWC-2005 计算结果的最大偏差为 28.1%（$\lambda=180$），6 种长细比构件的平均偏差为 12.3%。最大偏差发生在试验所取的最大长细比处，略显偏大，主要是由于规格材的强度和弹性模量等力学指标的离散性较大以及细长构件的稳定承载力受

初曲率和荷载初偏心的影响更大。但从平均偏差看，结果是较满意的。

4.5.3 层板胶合木轴心受压构件

我国胶合木的种类有普通层板胶合木、目测分等层板胶合木和机械弹性模量分等层板胶合木等类别[2]。按组坯方式不同，后两者又分为同等组合胶合木、对称异等组合和非对称异等组合胶合木。普通层板胶合木的强度设计指标与同树种的方木、原木相同，受压构件稳定系数的计算方法也就相同。需要解决的是后两种胶合木构件的稳定系数计算问题。采用与进口锯材相同的方法，对各强度等级的同等组合胶合木、对称异等组合和非对称异等组合胶合木受压构件的稳定系数进行了拟合计算，获得系数 a_c、b_c、c_c 的相应值，然后取全部强度等级所适用系数的平均值作为系数 a_c、b_c、c_c 的最终值，亦列于表 4-4。回归分析时式(4-47)中取 $c=0.9$，是美国规范 NDSWC-2005 中适用于层板胶合木的常数。

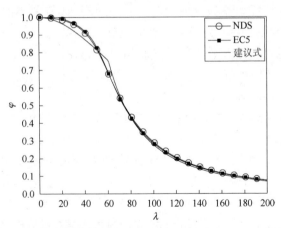

图 4-7 层板胶合木受压构件稳定系数比较（TC$_T$24）

图 4-7 以同等组合胶合木 TC$_T$24（规范 GB 50005—2017 中代号改为 TC$_T$32）为例，给出了按式(4-42)、式(4-43)计算的

胶合木构件稳定系数与分别按美国规范 NDSWC-2005 和欧洲规范 EC 5 计算的结果对比。美国规范和欧洲规范计算结果间的最大偏差为 2.3%（λ＝117），平均偏差为 1.6%。式(4-42)、式(4-43)的计算结果与美国规范 NDSWC-2005 的计算结果相比，最大偏差不超过 10.1%（λ＝61），平均偏差为 5.2%。进口胶合木并未作为一种木产品纳入规范 GB 50005，所以表 4-4 中不必列出进口胶合木一项。但经对北美和欧洲地区所产胶合木轴心受压构件的稳定系数进行回归分析，结果表明表 4-4 所列胶合木的系数值同样适用于这些地区生产的胶合木产品。

4.6 受弯木构件的侧向稳定问题

4.6.1 受弯木构件侧向失稳的临界应力

当受弯构件的截面高宽比较大，譬如超过 4∶1，且跨度较大时，就有可能发生整体失稳而丧失承载能力（图 4-8）。这是因为受弯构件截面的中性轴以上为受压区，以下为受拉区，犹如受压构件和受拉构件的组合体。当受压部分的应力达到一定水平时，在偶遇的横向扰力的作用下可能绕刚度较小的截面形心主轴失稳，表现为出平面失稳。但受压部分又受到稳定的受拉部分沿

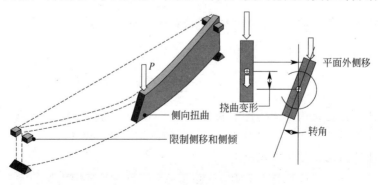

图 4-8　受弯构件的整体失稳

跨度方向的连续约束作用，发生侧移的同时会带动整个截面扭转，这时称受弯构件发生了整体的弯扭失稳（Torsional buckling），也称侧向失稳（Lateral buckling），对应的弯矩称临界弯矩 M_{cr}，对应的弯曲应力称临界应力。当临界应力小于比例极限时，受弯构件整体失稳属于第一类弹性弯扭失稳，可按弹性稳定理论通过求解构件临界状态的平衡微分方程得到临界弯矩。对于承受等弯矩作用的狭长矩形截面简支梁，其翘曲刚度（Warping rigidity）可忽略不计，铁摩辛柯和盖尔通过求解平衡微分方程得其临界弯矩为[20]

$$M_{cr} = \frac{\pi}{l_{ef}} \sqrt{EI_y GI_{tor}} \tag{4-48}$$

式中：EI_y 为梁绕弱轴的抗弯刚度；GI_{tor} 为梁的扭转刚度；l_{ef} 为梁的计算长度。式(4-48) 本适用于线弹性各向同性材料的受弯杆件，但可证明该式也适用于受弯木构件[21]。剪切模量和矩形截面的极惯性矩分别为 $G = \eta E$，$I_{tor} = \beta b^3 h$，其中对于木材 $\eta \approx 1/16$，β 为矩形截面与比值 h/b（h 为截面高度、b 为截面宽度）有关的系数，故可将受弯构件平面外失稳的临界应力表示为类似于轴心受压构件的欧拉公式的形式。

$$\sigma_{bcr} = \frac{M_{cr}}{W_x} = \frac{C\pi^2 E}{l_{ef} h / b^2} \tag{4-49}$$

式中：C 为 η、β、π 等常数的综合系数。令 $\lambda_B = \sqrt{\dfrac{l_{ef} h}{b^2}}$，式(4-49) 可进一步表示为

$$\sigma_{bcr} = \frac{C\pi^2 E}{\lambda_B^2} \tag{4-50}$$

式中：λ_B 称为受弯构件的长细比。式(4-50) 与受压构件欧拉公式的形式一致，下文中的受弯构件的侧向稳定系数计算式，弹性失稳时就是基于该式提出。

要精确计算临界应力 σ_{bcr} 并非易事。首先是式中木材的弹性模量并非常数，当弯曲应力超过木材的比例极限后，弹性模量将

逐步降低，因此弯曲临界应力与发生平面外弯扭失稳时材料的工作状态有关；其次，受弯构件的初始状态不可能为理想的平直构件，荷载作用线也不可能恰好位于构件截面的竖向对称平面内，因此构件在荷载作用伊始即存在轻微的平面外弯扭变形并逐步增大，仅当荷载达到一定数值（临界弯矩）时，构件因平面外弯扭变形过大而不能继续维持平衡。这两种情况类似于压杆的第一类与第二类稳定问题。受弯构件的侧向失稳承载力可参照受压构件稳定问题承载力的计算方法计算。

4.6.2 受弯木构件侧向稳定系数的计算方法

1. 规范 GB 50005—2003

在规范 GB 50005—2003 之前，由于我国木结构主要采用方木与原木制作，受弯木构件截面的高宽比并不很大，设计中一般不需进行侧向稳定验算。随着胶合木、规格材等木产品的应用，有的受弯木构件趋于"细长"，侧向稳定问题成为设计中需要解决的问题。规范 GB 50005—2003 对压弯木构件和偏心受压木构件的出平面稳定验算中，采用了类似于美国规范 NDSWC 关于受弯木构件侧向稳定系数的计算式。

$$\varphi_l = \frac{(1+1/\lambda_m^2)}{1.9} - \sqrt{\left[\frac{1+1/\lambda_m^2}{1.9}\right]^2 - \frac{1}{0.95\lambda_m^2}} \tag{4-51}$$

式中：λ_m 称为"考虑受弯构件的侧向刚度因数"，实际上可称之为相对长细比，$1/\lambda_m^2$ 相当于美国规范 NDSWC 中弯曲临界应力设计值与抗弯强度设计值的比值。λ_m 按下式计算：

$$\lambda_m = \sqrt{\frac{4l_{ef}h}{\pi b^2 k_m}} \tag{4-52}$$

式中：k_m 为受弯木构件按侧向稳定验算时，与构件木材强度等级有关的系数，实际上是木材的弹性模量与抗弯强度的比值（E/f_b）。

规范 GB 50005—2003 对系数 k_m 即比值 E/f_b 作了定值处

理。对于受弯构件（梁），均取 $k_m = 220$；对于受压构件（柱），方木与原木 1 组取 $k_m = 330$，方木与原木 2 组取 $k_m = 300$。这种处理方法使得式（4-51）仅适用于计算方木与原木受弯构件的侧向稳定系数，而不适用于规格材和胶合木受弯木构件。

2. 美国规范 NDSWC-2005 受弯木构件侧向稳定系数计算方法

美国木结构设计规范 NDSWC-2005[3] 中受压木构件的稳定系数计算式，是基于 Ylinen[4] 关于求解非线弹性材料轴心受压构件临界应力的结果得到的。对于受弯木构件，规范 NDSWC-2005 也是基于 Ylinen 的临界应力解计算其侧向稳定系数的，即在轴心受压木构件稳定系数计算式中用木材的抗弯强度设计值代替抗压强度设计值，用受弯构件的临界应力设计值代替受压构件的临界应力设计值，得到连续形式的侧向稳定系数计算式。

$$\varphi_l = \frac{1 + f_{bE}/f_b}{1.9} - \sqrt{\left(\frac{1 + f_{bE}/f_b}{1.9}\right)^2 - \frac{f_{bE}/f_b}{0.95}} \qquad (4-53)$$

式中：f_{bE} 为弯曲临界应力设计值；f_b 为木材或木产品的抗弯强度设计值。对应于式（4-37），材料系数均取为 $c = 0.95$，不再按木产品的种类区分。弯曲临界应力的设计值为

$$f_{bE} = \frac{1.2 E_{min}}{\lambda_B^2} \qquad (4-54)$$

式中：E_{min} 为弹性模量的设计值，计算方法同式（4-38）中的 E_{min}；λ_B 为受弯木构件的长细比，按式（4-55）计算。

$$\lambda_B = \sqrt{\frac{l_{ef}h}{b^2}} \qquad (4-55)$$

式中：l_{ef} 为受弯构件的等效长度（计算长度），与支承条件、侧向约束条件及荷载作用情况有关。

3. 欧洲规范 Eurocode 5

欧洲规范 EC 5 采用式（4-56）计算受弯构件的侧向稳定系数。

$$\varphi_l = \begin{cases} 1.0 & \lambda_{rel,m} \leqslant 0.75 \\ 1.56 - 0.75\lambda_{rel,m} & 0.75 < \lambda_{rel,m} \leqslant 1.4 \\ \dfrac{1}{\lambda_{rel,m}^2} & \lambda_{rel,m} > 1.4 \end{cases} \tag{4-56}$$

式中：$\lambda_{rel,m}$ 为受弯木构件的相对长细比，按式（4-57）计算。

$$\lambda_{rel,m} = \sqrt{\frac{f_{m,k}}{\sigma_{m,crit}}} \tag{4-57}$$

式中：$f_{m,k}$ 为木材抗弯强度的标准值；$\sigma_{m,crit}$ 为弯曲临界应力的标准值，可按式（4-50）计算。对矩形截面受弯构件，在式（4-48）中，取 $G = \eta E \approx E/16$，$I_{tor} = \beta b^3 h \approx b^3 h/3$（近似取值，本适用于 $h/b \geqslant 10$ 的矩形截面），再将式（4-48）代入式（4-49），临界应力就近似简化为

$$\sigma_{m,crit} = \frac{0.78 E_k}{\lambda_B^2} \tag{4-58}$$

式中：E_k 为弹性模量的标准值；λ_B 为受弯木构件的长细比，仍按式（4-55）计算。式（4-58）与式（4-54）都是由式（4-50）所代表的临界应力的一种表达形式，只是其中木材的弹性模量，一为标准值，一为设计值。两式分子中的两个常系数 1.2 与 0.78，主要是由于欧洲规范 EC 5 与美国规范 NDSWC-2005 所规定的等效长度 l_{ef} 的取值不同所致。

4. 受弯木构件侧向稳定系数的统一计算式

按与计算轴心受压木构件稳定系数相同的原则和方法，并采用相同的计算式的形式，提出以下计算受弯木构件侧向稳定系数的计算式，并为规范 GB 50005—2017 所采用。

$$\lambda_B > \lambda_{Bp} \qquad \varphi_l = \frac{a_b \pi^2 E_k}{\lambda_B^2 f_{bk}} \tag{4-59}$$

$$\lambda_B \leqslant \lambda_{Bp} \qquad \varphi_l = \left(1 + \frac{\lambda_B^2 f_{bk}}{b_b E_k}\right)^{-1} \tag{4-60}$$

$$c_b = \pi\sqrt{a_b b_b/(b_b - a_b)} \tag{4-61}$$

$$\lambda_B = \sqrt{\frac{l_{ef}h}{b^2}} \qquad (4\text{-}62)$$

$$\lambda_{Bp} = c_b \sqrt{\frac{E_k}{f_{bk}}} \qquad (4\text{-}63)$$

式中：E_k、f_{bk} 分别为木材和木产品的弹性模量和抗弯强度标准值；a_b、b_b、c_b 为与木产品种类有关的常数，脚标 b 表示受弯构件（Bending）。

4.6.3 各类木产品受弯木构件的侧向稳定系数

1. 方木与原木受弯构件

对方木与原木受弯构件，由式(4-59)、式(4-60)所计算的侧向稳定系数应与式(4-51)相同，即式(4-51)的计算结果应作为式(4-59)～式(4-63)中系数 a_b、b_b、c_b 回归计算的依据。参考规范 GB 50005—2003，回归计算时式(4-52)中的 E_k/f_{bk}（即 k_m）取值为220。

回归方法：按式(4-51)，在长细比 $\lambda_B = 1 \sim 50$ 的范围内，以 $\lambda_B = 1$ 的间隔计算受弯木构件的侧向稳定系数，作为源数据。在长细比 $\lambda_B = 10 \sim 30$ 的范围内选取某个长细比作为分界点，在分界点两侧分别按式(4-59)、式(4-60)对源数据进行拟合，由最小二乘法得到系数 a_b、b_b 的值及其误差的平方和。比较各个分界点对应的误差平方和，其最小值对应的系数 a_b、b_b 的值即为最优拟合值，然后按式(4-61)计算系数 c_b。按上述方法，获得了方木与原木受弯构件侧向稳定系数计算式中 a_b、b_b、c_b 的值，列于表 4-5。

各类受弯木构件稳定系数算式中常数 a_b、b_b、c_b的值　表 4-5

常数	a_b	b_b	c_b
方木与原木	0.703	4.830	0.907
进口锯材	0.700	4.931	0.903
胶合木	0.701	4.927	0.904
各类木产品平均值	0.701	4.896	0.905
建议取值	0.70	4.90	0.90

2. 进口锯材受弯构件

这类木产品包括北美目测分等规格材、机械分等规格材、北美方木以及欧洲结构木材。考虑到目前我国主要从北美进口结构用木材，因此计算的侧向稳定系数应与美国规范 NDSWC 的计算结果相同，即式(4-59)～式(4-61) 中常数 a_b、b_b、c_b 的值可基于美国规范 NDSWC 的计算结果回归得到，但荷载持续作用效应系数和抗力分项系数等参数的处理方法与规范 GB 50005 对轴心受压构件稳定系数计算式的处理方法一致，即式(4-53)、式(4-54) 应调整为

$$\varphi_l = \frac{1+f_{bEk}/f_{bk}}{1.9} - \sqrt{\left(\frac{1+f_{bEk}/f_{bk}}{1.9}\right)^2 - \frac{f_{bEk}/f_{bk}}{0.95}} \tag{4-64}$$

$$f_{bEk} = \frac{0.78E_k}{\lambda_B^2} \tag{4-65}$$

由美国规范 NDSWC 可查得各个树种或树种组合、各强度等级规格材和方木的抗弯强度和弹性模量设计值，并计算其标准值。其中抗弯强度标准值 f_{bk} 按 $f_b \times 2.1$ 计算，弹性模量标准值 E_k 按 $1.03E$ $(1-1.645\times0.25)$ 计算。欧洲锯材的抗弯强度标准值和弹性模量的标准值来自于标准 EN 338[19]。对于北美规格材、北美方木和欧洲锯材受弯构件，分别按式(4-64) 计算长细比 $\lambda_B = 1 \sim 50$ 范围内的侧向稳定系数，作为源数据。再按与我国方木、原木相同的方法回归得到系数 a_b、b_b、c_b 的值。

经拟合，得到了适用于规格材的系数 $a_b = 0.705$，$b_b = 3.057$，是全部树种或树种组合和强度等级规格材回归结果的平均值；适用于北美方木的系数 $a_b = 0.706$，$b_b = 3.059$，也是全部树种和强度等级的北美方木回归结果的平均值。同时，欧洲结构木材由 C14 到 C50 所有强度等级回归结果的平均值为 $a_b = 0.707$，$b_b = 3.093$。这里列出了分别适用于这三类锯材受弯构件的系数值，目的是想表明其所适用的系数值非常接近，其侧向稳定系数计算式中完全可以采用相同的系数值。最终，将适用于北美规格材、北美方木和欧洲结构木材（统称为进口锯材）的系数

a_b、b_b取平均值，并由此计算系数 c_b 的值，列于表4-5。

3. 层板胶合木受弯构件

普通层板胶合木的强度设计指标与同树种的方木、原木相同，受弯构件侧向稳定系数的计算方法也就相同。还需要解决目测分等层板胶合木和机械弹性模量分等层板胶合木受弯构件的侧向稳定系数计算问题。采用与进口锯材相同的方法，对各强度等级的同等组合胶合木、对称异等组合和非对称异等组合胶合木受压构件的稳定系数进行了拟合计算，获得系数 a_b、b_b、c_b 的值，然后取全部强度等级所适用系数的平均值，也列于表4-5。

表4-5表明，受弯木构件侧向稳定系数计算式中各常数，在各类木材和木产品间的差别并不大，不必再区分木材的种类，故统一取为 $a_b=0.70$、$b_b=4.90$、$c_b=0.90$。与受压木构件相同，保留小数点后两位有效数字。

4. 受弯木构件侧向稳定系数的计算精度

按式(4-59)～式(4-63)分别计算各类木材或木产品受弯构件的侧向稳定系数 φ_l，并绘出 φ_l-λ_B 曲线，分别如图4-9～图4-11所示。

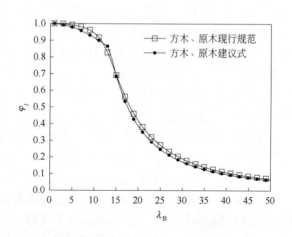

图4-9 方木与原木受弯构件侧向稳定系数比较

图 4-9 是方木与原木受弯构件侧向稳定系数建议式的计算结果与规范 GB 50005—2003 计算结果的比较，最大偏差为 10.5％（$\lambda_B = 50$），平均差别为 7.1％。

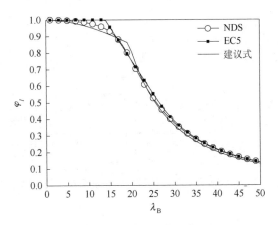

图 4-10　北美锯材受弯构件侧向稳定系数比较（S-P-F No. 2 2″×10″）

图 4-10 以规格材为例，给出了北美锯材受弯构件侧向稳定系数计算结果比较。美国规范和欧洲规范计算结果的最大差别为 5.3％（$\lambda_B = 14$），平均差别为 1.9％。侧向稳定系数建议式的计算结果与美国规范 NDSWC 计算结果相比（式(4-64)），最大偏差为 5.9％（$\lambda_B = 50$），平均差别为 3.5％；与欧洲规范 EC 5 计算结果相比，最大偏差为 7.59％（$\lambda_B = 14$），平均偏差为 5.12％。

图 4-11 以同等组坯胶合木 TC_T24（规范 GB 50005—2017 中代号改为 TC_T32）为例，给出了式(4-59)、式(4-60)侧向稳定系数计算结果与美国规范 NDSWC 和欧洲规范 EC 5 计算结果的对比。美国规范和欧洲规范计算结果的最大差别为 4.9％（$\lambda_B = 19$），平均差别为 1.5％。式(4-59)、式(4-60)计算结果与美国规范的计算结果相比，最大偏差为 6.3％（$\lambda_B = 50$），平均差别为 4.2％；与欧洲规范的计算结果相比，最大偏差为 7.3％（$\lambda_B = 10$），平均偏差为 5.2％。

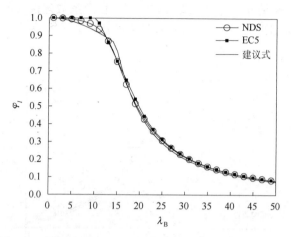

图 4-11 层板胶合木受弯构件侧向稳定系数比较（$TC_T 24$）

4.7 小结

我国木结构设计规范 GB 50005—2003 及以前版本既有的轴心受压木构件稳定系数计算式仅适用于我国方木与原木制作的木构件，不适用于层板胶合木、进口锯材等现代木产品制作的木构件。在深入分析各国规范稳定系数计算方法和特点并在保持我国既有计算法的基础上，本章提出了适用于各类木产品的稳定系数统一计算式，满足木结构设计的需要。

各国学者对轴心受压木构件稳定问题的认识尚不一致，主要体现在荷载持续作用效应对稳定承载力的影响与对木材强度的影响是否相同、稳定承载力与强度承载力的抗力分项系数是否相同以及弹性模量与抗压强度之比 E/f_c 是否为定值等三个方面。基于不同的认识和处理方法，各国规范中稳定系数的计算结果存在明显差异，但如果处理方法和认识一致，各国规范稳定系数的计算结果将基本相同。本章基于规范 GB 50005 既有的计算方法，经回归分析，确定了稳定系数计算式中适用于方木与原木、进口锯材和层板胶合木的 a_c、b_c、c_c 各系数的值。在计算原则一致的前提下，所提出的计算式对各类木产品受压构件稳定系数的计算结果偏差基本在 10% 以内。

对规格材轴心受压试件的稳定承载力进行了试验研究和随机有限元分析，所得稳定系数试验结果、随机有限元分析结果以及稳定系数计算式的计算结果吻合良好，验证了所提出的稳定系数计算式的正确性和适用性。

提出了既适用于方木与原木制作的受弯木构件，也适用于层板胶合木和进口锯材等现代木产品制作的受弯木构件的侧向稳定系数统一计算式。采用与受压构件类似的方法，经回归分析，确定了侧向稳定系数计算式中各系数 a_b、b_b、c_b 的值。还应注意到，关于受弯构件长细比中等效长度的计算，欧洲规范和美国规范存在明显差别，后者取值远大于前者。规范 GB 50005—2003 中等效长度似按欧洲规范 EC 5 的规定取值，GB 50005—2017 则按美国规范 NDSWC-2005 的规定取值了。

在荷载持续作用下木材的强度会降低，是学者们的共识，但木材的弹性模量是否会降低，尚有不同认识。受压和受弯木构件稳定问题和强度问题的抗力分项系数是否应相同或是否可以相同，也存在不同认识。这些问题都影响到受压和受弯木构件稳定系数的计算，需要更深入的研究。

参考文献

[1] GB 50005—2003 木结构设计规范 [S]. 2005 版. 北京：中国建筑工业出版社，2006.

[2] GB/T 50708—2012 胶合木结构技术规范 [S]. 北京：中国建筑工业出版社，2012.

[3] NDSWC-2005：National design specification for wood construction ASD/LRFD [S]. Washington, DC：American Forest & Paper Association, American Wood Council, 2005.

[4] Arvo Ylinen. A method of determining the buckling stress and the

required cross-sectional area for generally loaded straight columns in elastic and inelastic range [J]. Publication of the International Association for Bridge and structural Engineering，1956（16）：529-550.

[5] 张耀春，周绪红. 钢结构设计原理 [M]. 北京：高等教育出版社，2004.

[6] EN 1995-1-1：2004 Eurocode 5：Design of timber structures [S]. Brussels：European Committee for Standardization，2004.

[7] 日本建築学会. 木質構造設計規準・同解説 [S]. 东京：技報堂，2005.

[8] СП 64.13330.2011. ДЕРЕВЯННЫЕ КОНСТРУКЦИИ [S]. Москва：Издание официальное，2011.

[9] AS 1720.1—1997：Timber structures Part 1：Design methods [S]. Sydney：Standards Australia，2001.

[10] CSA O86-01：Engineering design in wood [S]. Canadian Standards Association，Toronto，2005.

[11] 规结-3—55 木结构设计暂行规范 [S]. 北京：建筑工程出版社，1955.

[12] Г. Г. КАРЛСЕН，В. В. БОЛЬШАКОВ，М. Е. КАГАН，Г. В. СВЕНЦИЦКИЙ. ДЕРЕВЯННЫЕ КОНСТРУКЦИИ [M]. Москва：ГОСУДАРСТВЕННОЕ ИЗДАТЕЛЬСТВО ЛИТЕРАТУРЫ ПО СТРОИТЕЛЬСТВУ И АРХИТЕКТУРЕ，1952.

[13] GBJ 5—73 木结构设计规范 [S]. 北京：中国建筑工业出版社，1973.

[14] GBJ 5—88 木结构设计规范 [S]. 北京：中国建筑工业出版社，1989.

[15] 黄绍胤，余培明，洪敬源. 木结构轴心压杆 φ 值曲线及可靠度验算 [J]. 重庆建筑工程学院学报，1988（2）：1-10.

[16] J. D. Barrett，W. Lau. Canadian Lumber Properties [M]. Ottawa：Canadian Wood Council，1994.

[17] 张笛. 规格材轴心受压构件稳定问题研究 [D] 哈尔滨：哈尔滨工业大学，2014：1-87.

[18] 黄绍胤，周淑容. 关于木结构轴心压杆 φ 值连续公式的建议 [J]. 工程建设标准化，2004（4）：11-14.

[19] EN 338: 2009: Structural timber-Strength classes [S]. European Committee for Standardization, Brussels, 2009.

[20] S. Timoshenko and J. M. Gere (1961). Theory of Elastic Stability. McGraw-Hill Book Co. Inc, New York. 2nd Edition.

[21] R. F. Hooley and B. Madsen (1964). Lateral Stability of Glue Laminated Beams, Journal of the Structural Division, ASCE, ST3: 201-208.

第5章 销连接的承载力

木结构中销连接常采用钢销、硬木销、螺栓、圆钉或木螺钉等连接件连接木构件。其中采用螺栓作连接件的又称为螺栓连接，是销连接中应用最多的连接形式。在《木结构设计规范》GB 50005—2003[1] 销连接的设计中，假定被连接木构件木材的材质等级相同，且假定销连接达到承载力极限状态的标志是销承弯和销槽承压都能达到极限状态，即销屈服、木材达到极限压应变。在现代木结构工程中，很多情况下需要将不同材质等级或不同种类木产品的构件连接在一起，均已超出了规范 GB 50005—2003 的计算假定。另外，规范 GB 50005—2003 以木材的顺纹抗压强度计算销连接的承载力。而现代木产品，由于缺陷的影响，同一树种不同强度等级木材的顺纹抗压强度可以不同，但木材缺陷对销槽承压强度的影响并不显著，同树种不同强度等级的木材，其销槽承压强度并无多大差别。若仍按木材的顺纹抗压强度计算，结果将与实际情况不符。因此，销连接设计需要从计算方法和销槽承压强度取值两个方面加以改进。

本章针对东北落叶松和樟子松两种木材，分别进行销槽承压和螺栓连接承载性能试验研究，以便基于欧洲销连接屈服模式（EYM）[2]，提出符合我国特点的销槽承压有效长度系数，结合该系数提出螺栓连接和钉承载力的计算式，并通过对螺栓连接和钉连接的承载力设计值进行校准，得到各种屈服模式下符合我国可靠度要求的抗力分项系数。同时，还推导了钢夹板和钢填板（内置钢板）销连接的承载力。

5.1 销连接承载力计算方法概述

5.1.1 销连接的屈服模式

在保证足够的端距、边距和中距的条件下，销连接将因销槽在一定长度上达到其承压强度或销承弯达到其屈服强度并形成塑性铰而失效。因销槽承压屈服和销屈服都具有一定的塑性，故销连接的失效形式又可称为屈服模式。以图 5-1 所示不同厚度和强度木构件典型的单剪连接和双剪连接为例[3]，销槽承压屈服和销屈服各有 3 种不同模式。对销槽承压屈服而言，如果较厚构件的销槽承压强度低而较薄构件的强度高（单剪连接中称为较薄（厚度 a）和较厚（厚度 c）构件；双剪连接中称为中部（厚度 c）和边部构件（厚度 a）），且较薄构件对销有足够的钳制力，不使其转动，则较厚构件沿销槽全长均达到其销槽承压强度（Dowel bearing strength 或 Embedment strength）f_{hc} 而失效，记作屈服模式 I_m；如果两构件的销槽承压强度相同或较薄构件的强度较低，较厚构件对销有足够的钳制力，不使其转动，则较薄构件沿销槽全长均达到其销槽承压强度 f_{ha} 而失效，记作屈服模式 I_s；如果两构件的厚度都不足或销槽承压强度都较低，对销均无足够的钳制力，销刚体转动，使较薄、较厚构件的销槽均在一定长度上达到各自的承压强度 f_{ha}、f_{hc} 而失效，记作屈服模式 Ⅱ。销承弯屈服并形成塑性铰导致的销连接失效，也含 3 种屈服模式。如果较薄构件的销槽承压强度远高于较厚构件并有足够的钳制销转动的能力，则销在较薄构件中出现塑性铰，记作屈服模式 Ⅲ$_m$；如果两构件的销槽承压强度相同，则销在较厚构件中出现塑性铰，记作屈服模式 Ⅲ$_s$；如果两构件的销槽承压强度均较高，或销的直径 d 较小，则两构件中均出现塑性铰而失效，记作屈服模式 Ⅳ。木结构销连接中销受弯是由于沿销槽长度上存在明显的不均匀承压变形所致，这是与钢结构中普通螺栓连接的不同之处。

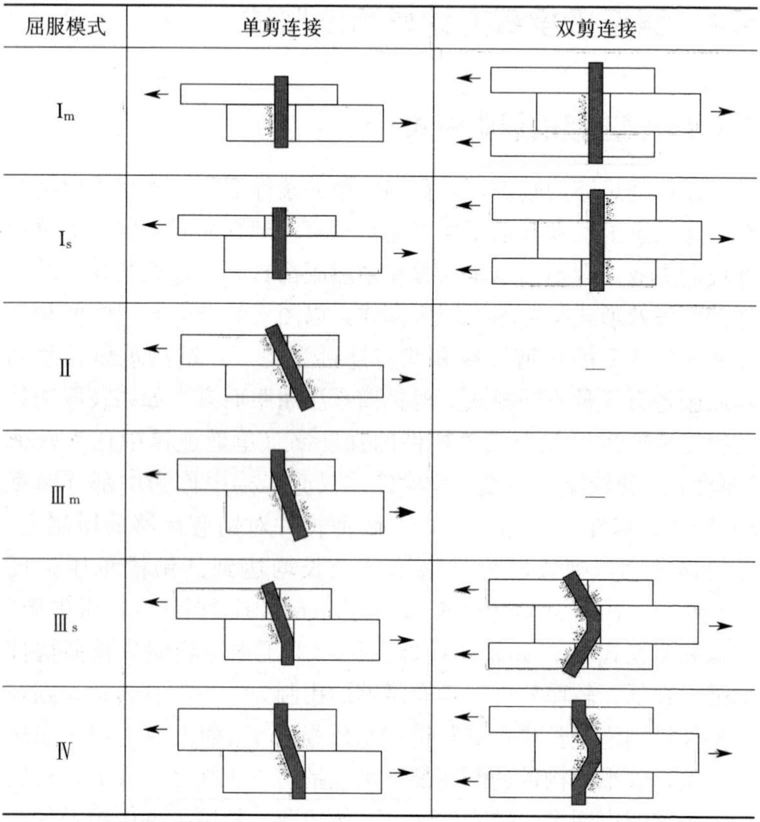

屈服模式	单剪连接	双剪连接
I_m		
I_s		
II		—
III_m		—
III_s		
IV		

m-单剪连接中的较厚构件或双剪连接中的中部构件；s-单剪连接中的较薄构件或双剪连接中的边部构件；I_m-较厚或中部构件屈服；I_s-较薄或边部构件屈服；II-销刚体转动，较厚、较薄构件均屈服；III_m-销在较薄构件中形成塑性铰；III_s-销在较厚或中部构件中形成塑性铰；IV-销在较薄和较厚构件或在边部和中部构件中皆形成塑性铰。

图 5-1 销连接的屈服模式

可见，单剪连接共有 6 种屈服模式。由于对称受力，双剪连接则仅有 I_m、I_s、III_s 和 IV 四种屈服模式。规范 GB 50005—2003 中两构件销槽承压强度相同的单剪连接，仅有 I_s、II、III_s 和 IV 四种屈服模式；木构件销槽承压强度相同的双剪连接，仍有 I_m、

I_s、III_s和IV四种屈服模式。

5.1.2 销连接承载力理论计算方法举例

以单剪连接为例,且为表述简单,假设较薄、较厚构件的材质等级或强度等级相同,即 $f_{ha}=f_{hc}$,推导屈服模式 I_s、II、III_s 和 IV 对应的承载力(不发生屈服模式 I_m、III_m,销槽承压强度统一用 f_{ha} 表示)。欧洲屈服模式假设材料的本构关系都服从刚塑性假设,销轴上的荷载分布,即销槽承压应力分布如图 5-2 所示。

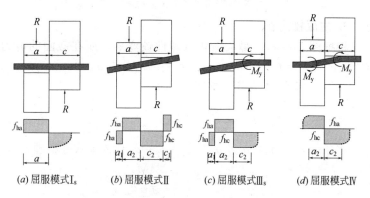

图 5-2 销连接销槽承压应力分布(销直径为 d)

1. 屈服模式 I_s
由图 5-2(a) 可直接得出销连接的承载力
$$R=adf_{ha} \tag{5-1}$$

2. 屈服模式 II
由图 5-2(b),根据力的平衡条件:$R=f_{ha}d(a_2-a_1)=f_{ha}d(c_2-c_1)$,得 $a_2-a_1=c_2-c_1$,根据销在剪面处力矩的平衡条件:
$$f_{ha}d\frac{a_2^2}{2}-f_{ha}da_1\left(a_2+\frac{a_1}{2}\right)=f_{ha}dc_1\left(c_2+\frac{c_1}{2}\right)-f_{ha}d\frac{c_2^2}{2}$$

令 $a_0=a_2-a_1=c_2-c_1$,并将条件 $a_2+a_1=a$,$c_2+c_1=c$,$a_0=a-2a_1=c-2c_1$ 代入上式,经整理得
$$2a_0^2+2a_0(a+c)-a^2-c^2=0$$

179

求解这个关于 a_0 的一元二次方程，得

$$a_0 = \frac{a}{2}\left[\sqrt{3 + 2\left(\frac{c}{a}\right) + 3\left(\frac{c}{a}\right)^2} - \left(1 + \frac{c}{a}\right)\right]$$

a_0 可称为销槽承压有效长度，针对每一种屈服模式，都可以求得相应的 a_0 或 c_0。销槽承压有效长度的意义在于其所在面积（$a_0 d$ 或 $c_0 d$）与销槽承压强度的乘积等于销上的侧向力。根据销槽承压有效长度，屈服模式 II 条件下销连接的承载力为

$$R = \frac{f_h a d}{2}\left[\sqrt{3 + 2\left(\frac{c}{a}\right) + 3\left(\frac{c}{a}\right)^2} - \left(1 + \frac{c}{a}\right)\right] \quad (5\text{-}2)$$

3. 屈服模式 III$_s$

根据图 5-2(c)，最大弯矩（塑性铰弯矩）所在截面的剪力应为 0，故 $R = f_{ha}d\,(a_2 - a_1) = f_{ha}dc_2$，得 $a_2 - a_1 = c_2 = a_0$。令塑性铰弯矩为 M_y，由力矩的平衡条件：

$$M_y = -f_{ha}d\frac{c_2^2}{2} + f_{ha}da_2\left(\frac{a_2}{2} + c_2\right) - f_{ha}da_1\left(\frac{a_1}{2} + a_2 + c_2\right)$$

将条件 $a_2 + a_1 = a$ 及 $a_2 - a_1 = c_2 = a_0$ 代入上式并整理，得

$$3a_0^2 + 2aa_0 - a^2 - \frac{4M_y}{f_{ha}d} = 0$$

求解以 a_0 为变量的一元二次方程，得 $a_0 = \dfrac{a}{3}$

$\left(\sqrt{4 + \dfrac{12M_y}{f_{ha}da^2}} - 1\right)$，

故销连接的承载力为

$$R = \frac{adf_{ha}}{3}\left(\sqrt{4 + \frac{12M_y}{f_{ha}da^2}} - 1\right) \quad (5\text{-}3)$$

4. 屈服模式 IV

根据图 5-2(d)，由力的平衡条件：$R = f_{ha}da_2 = f_{ha}dc_2$，得 $a_0 = a_2 = c_2$。由力矩的平衡条件：

$$2M_y = \frac{f_{ha}da_2^2}{2} + \frac{f_{ha}dc_2^2}{2} = f_{ha}da_0^2，\text{得 } a_0 = \sqrt{\frac{2M_y}{f_{ha}d}}，\text{故屈}$$

服模式Ⅳ条件下销连接的承载力为

$$R = \sqrt{2M_y f_{ha} d} \tag{5-4}$$

销连接是通过销将作用力从一个木构件传递到另一个木构件，销在木构件交界面处的截面又称为剪面。单剪连接的销只有一个剪面，故称为单剪连接。三个木构件以上的销连接则有多个剪面，故称为多剪连接。规范 GB 50005 及有的国家的木结构设计规范，例如欧洲规范 EC 5[4]，习惯以每根销每个剪面表示销连接的承载力，对于多剪连接，销连接的承载力则为各剪面承载力之和。而有的国家的规范，例如美国规范 NDSWC[3]和加拿大规范 CSA O86[5]，则习惯以整根销表示销连接的承载力，已经是各剪面承载力之和。虽然销连接有剪面之称，但将销连接的承载力称为抗剪承载力并不是那么恰当，因为销承弯与销槽承压工作都与抗剪无关。这也正是木结构销连接与钢结构中的普通螺栓连接和铆钉连接的重要区别。

5.1.3 我国规范销连接承载力的计算方法

规范 GB 50005—2003 假设木材销槽承压和销承弯的应力-应变关系都符合理想弹塑性模型，并以两构件销槽内侧边缘的应变都达到弹性极限变形的两倍或销承弯产生塑性铰，作为达到承载力极限状态的标志。以单剪连接为例，由于是基于所连接木构件的材质等级相同，所以就排除了屈服模式 I_m、$Ⅲ_m$。所希望的是按屈服模式 $Ⅲ_s$、$Ⅳ$设计，并使木材、钢材均达到极限状态而充分利用材料。我国学者曾对螺栓连接的承载力开展了较深入的研究[6~9]，针对单剪连接屈服模式 I_s、$Ⅱ$、$Ⅲ_s$和$Ⅳ$，所得到的每个剪面的承载力计算表达式分别为

$$R_a = a d f_h \tag{5-5}$$

$$R_c = 0.3 c d f_h \tag{5-6}$$

$$R_b = \left(1.18 - \sqrt{0.397 + 0.428 \frac{d^2 k_w f_y}{c^2 f_h}} \right) c d f_h \tag{5-7}$$

$$R_b = 0.443d^2\sqrt{k_w f_y f_h} \tag{5-8}$$

式中：R_a 为较薄构件销槽承压对应的承载力；R_c 为较厚构件销槽承压对应的承载力；R_b 为螺栓形成塑性铰对应的承载力；d 为销直径；a、c 分别为较薄、较厚构件的厚度；f_h 为销槽承压强度；f_y 为销（钢材）的屈服强度；k_w 为销的塑性抗弯截面模量与弹性抗弯截面模量的比值，当圆销全截面屈服时，$k_w \approx 1.7$。形成两个塑性铰（较薄、较厚构件内各一个塑性铰）的式(5-8)所表示的承载力，是形成一个塑性铰的式(5-7)所表示的承载力的上限。针对形成一个塑性铰的情况，我国学者根据试验结果又给出了承载力的回归表达式[9]：

$$R_b = \left[0.3 + 0.09\left(\frac{a}{d}\right)\frac{f_h}{k_w f_y}\right]d^2\sqrt{k_w f_y f_h} \tag{5-9}$$

式(5-7)～式(5-9)中的 $k_w f_y$ 曾称为钢材的折算抗弯强度[10]，这只是为按销的抗弯截面模量计算塑性铰弯矩对所用钢材强度的一种方便称呼。规范 GB 50005—2003 在螺栓连接的承载力计算中，以木材的顺纹抗压强度 f_c 替代销槽承压强度 f_h，且对销承弯屈服模式（包括没有形成塑性铰的屈服模式Ⅱ）取 $f_h = f_c$，对较薄或边部构件销槽承压屈服模式取 $f_h = 0.7f_c$，对中部或较厚构件销槽承压屈服模式取 $f_h = 0.9f_c$。对于销承弯形成塑性铰的屈服模式，考虑塑性并不能充分发展，取 $k_w \approx 1.4$，且按 Q235 考虑，取其强度设计值为 215N/mm²。于是式(5-6)、式(5-8)和式(5-9)分别变为

$$R_c = 0.3cdf_c \tag{5-10}$$

$$R_b = \left[5.2 + 0.0052\left(\frac{a}{b}\right)^2 f_c\right]d^2\sqrt{f_c} \tag{5-11}$$

$$R_b = k_v d^2\sqrt{f_c} \tag{5-12}$$

式(5-10)～式(5-12)就是规范 GB 50005—2003 计算销连接承载力的依据。对于形成一个或两个塑性铰的情况，规范都采用式(5-12)的形式计算承载力，对于形成两个塑性铰的螺栓连接，式(5-12)中的系数取 $k_v = 7.5$（即 k_v 的最大值）；对于形成

两个塑性铰的钉连接，取 $k_v = 11.1$。如前所述，这种计算方法仅适用于相同材质等级方木与原木制作的木构件的连接计算，而不适用于不同材质等级、不同种类木产品构件的连接计算，已不能满足现代木结构设计的需要。

规范 GB 50005—2003 中通过规定被连接木构件的最小厚度，使所设计的销连接发生模式Ⅲ$_s$或Ⅳ。发生这两种屈服模式时，木材、钢材都达到了极限状态而得到充分利用。这种情况类似于混凝土结构中的适筋梁。也就是说，销连接设计中存在一个销与木材合理搭配的问题。如果单纯增大销的直径或提高销的强度等级，销就不一定屈服，那就会发生屈服模式 I$_m$、I$_s$或Ⅱ。此时销的工作将类似于混凝土结构中的超筋梁，销连接的承载力不取决于销，而是取决于木材。

5.1.4　美国规范销连接承载力的计算方法

美国规范 NDSWC-1997 或 NDSWC-2005[3] 按欧洲屈服模式计算销连接的承载力，即计算图 5-1 所示各种屈服模式对应的承载力，然后取其中的最小值，每根销的承载力按下列各式计算。

1. 单剪连接

屈服模式 I$_m$：
$$Z = \frac{D l_m F_{em}}{R_d} \tag{5-13}$$

屈服模式 I$_s$：
$$Z = \frac{D l_s F_{es}}{R_d} \tag{5-14}$$

屈服模式Ⅱ：

$$Z = \frac{D l_s F_{es} \left[\sqrt{R_e + 2R_e^2(1 + R_t + R_t^2) + R_t^2 R_e^3} - R_e(1 + R_t) \right]}{R_d(1 + R_e)} \tag{5-15}$$

屈服模式Ⅲ$_m$：

$$Z = \frac{D l_m F_{em}}{R_d(1 + 2R_e)} \left[\sqrt{2(1 + R_e) + \frac{2F_{yb}(1 + 2R_e)D^2}{3F_{em}l_m^2}} - 1 \right] \tag{5-16}$$

屈服模式Ⅲ_s：

$$Z = \frac{D l_s F_{em}}{R_d(2+R_e)}\left[\sqrt{\frac{2(1+R_e)}{R_e} + \frac{2F_{yb}(2+R_e)D^2}{3F_{em}l_s^2}} - 1\right]$$

$$(5\text{-}17)$$

屈服模式Ⅳ：　　$Z = \dfrac{D^2}{R_d}\sqrt{\dfrac{2F_{em}F_{yb}}{3(1+R_e)}}$　　(5-18)

2. 双剪连接

屈服模式Ⅰ_m：　　$Z = \dfrac{D l_m F_{em}}{R_d}$　　(5-19)

屈服模式Ⅰ_s：　　$Z = \dfrac{2D l_s F_{es}}{R_d}$　　(5-20)

屈服模式Ⅲ_s：

$$Z = \frac{2D l_s F_{em}}{R_d(2+R_e)}\left[\sqrt{\frac{2(1+R_e)}{R_e} + \frac{2F_{yb}(2+R_e)D^2}{3F_{em}l_s^2}} - 1\right]$$

$$(5\text{-}21)$$

屈服模式Ⅳ：　　$Z = \dfrac{2D^2}{R_d}\sqrt{\dfrac{2F_{em}F_{yb}}{3(1+R_e)}}$　　(5-22)

以上各式中：D 为销的直径；F_{yb} 为销的抗弯屈服强度；F_{em} 为较厚构件的销槽承压强度；F_{es} 为较薄构件的销槽承压强度；l_m 为较厚构件的销槽承压长度；l_s 为较薄构件的销槽承压长度；$R_e = F_{em}/F_{es}$，为较厚（或中部）构件与较薄（或边部）构件的销槽承压强度比；$R_t = l_m/l_s$，为销槽承压长度比；R_d 为折减系数（Reduction term），相当于销连接的安全系数，对螺栓连接，对应于不同屈服模式和荷载与木纹的夹角，R_d 取值由 3.2 到 5.0 不等；对于钉连接，根据钉直径不同，R_d 取值由 2.2 到 3.0 不等。

由于 R_d 相当于安全系数，因此式(5-13) ～式(5-22) 中被其相除的部分可视为销连接承载力的标准值。抗弯屈服强度 F_{yb} 取钢材的屈服强度和极限强度的平均值，约为屈服强度的 1.3 倍。系数 1.3 实际上是利用了钢材的强化性质，与我国规范 GB 50005 计算式中所含的塑性系数 k_w 的含义并不相同。上述涉及塑性铰的各式中，塑性系数 k_w 均取为 1.7，而我国规范取为

1.4。这是美国规范 NDSWC 与我国规范的重要不同之处。另外，对于双剪连接，美国规范以整根销（两个剪面）表示销连接的承载力，而我国规范以每个剪面的承载力表示。《胶合木结构技术规范》GB/T 50708—2012[11]采用了美国规范 NDSWC 的计算式计算销连接的承载力时，但误将双剪连接两个剪面的承载力表示为单个剪面的承载力，这是需要澄清的一点。

5.1.5 欧洲规范销连接承载力计算方法

欧洲规范 EC 5[4]先按欧洲屈服模式计算销连接承载力的标准值，再由承载力标准值除以抗力分项系数计算设计值。规范 EC 5 用 a、b、c、d、e、f 表示单剪连接的 6 种屈服模式，用 g、h、j、k 表示双剪连接的 4 种屈服模式。每个剪面的承载力标准值按下列各式计算。

1. 单剪连接

$F_{\text{v,Rk}} =$

$$
\begin{cases}
f_{\text{h,1,k}} t_1 d & \text{(a)} \\[4pt]
f_{\text{h,2,k}} t_2 d & \text{(b)} \\[4pt]
\dfrac{f_{\text{h,1,k}} t_1 d}{1+\beta} \left[\sqrt{\beta + 2\beta^2 \left[1 + \dfrac{t_2}{t_1} + \left(\dfrac{t_2}{t_1}\right)^2\right] + \beta^3 \left(\dfrac{t_2}{t_1}\right)^2} \right. \\[4pt]
\left. -\beta\left(1 + \dfrac{t_2}{t_1}\right) \right] + \dfrac{F_{\text{ax,Rk}}}{4} & \text{(c)} \\[4pt]
1.05 \dfrac{f_{\text{h,1,k}} t_1 d}{2+\beta} \left[\sqrt{2\beta(1+\beta) + \dfrac{4\beta(2+\beta) M_{\text{y,Rk}}}{f_{\text{h,1,k}} d t_1^2}} - \beta \right] & \\[4pt]
+ \dfrac{F_{\text{ax,Rk}}}{4} & \text{(d)} \\[4pt]
1.05 \dfrac{f_{\text{h,1,k}} t_2 d}{1+2\beta} \left[\sqrt{2\beta^2(1+\beta) + \dfrac{4\beta(1+2\beta) M_{\text{y,Rk}}}{f_{\text{h,1,k}} d t_2^2}} - \beta \right] & \\[4pt]
+ \dfrac{F_{\text{ax,Rk}}}{4} & \text{(e)} \\[4pt]
1.15 \sqrt{\dfrac{2\beta}{1+\beta}} \sqrt{2 M_{\text{y,Rk}} f_{\text{h,1,k}} d} + \dfrac{F_{\text{ax,Rk}}}{4} & \text{(f)}
\end{cases}
$$

(5-23)

2. 双剪连接

$$F_{\mathrm{v,Rk}} =$$

$$
\begin{cases}
f_{\mathrm{h,1,k}} t_1 d & \text{(g)} \\[2mm]
0.5 f_{\mathrm{h,2,k}} t_2 d & \text{(h)} \\[2mm]
1.05 \dfrac{f_{\mathrm{h,1,k}} t_1 d}{2+\beta} \left[\sqrt{2\beta(1+\beta) + \dfrac{4\beta(2+\beta) M_{\mathrm{y,Rk}}}{f_{\mathrm{h,1,k}} d t_1^2}} - \beta \right] \\[2mm]
\quad + \dfrac{F_{\mathrm{ax,Rk}}}{4} & \text{(j)} \\[2mm]
1.15 \sqrt{\dfrac{2\beta}{1+\beta}} \sqrt{2 M_{\mathrm{y,Rk}} f_{\mathrm{h,1,k}} d} + \dfrac{F_{\mathrm{ax,Rk}}}{4} & \text{(k)}
\end{cases}
\tag{5-24}
$$

以上各式中：$F_{\mathrm{v,Rk}}$ 为每一剪面承载力的标准值；d 为销直径；$f_{\mathrm{h,1,k}}$、$f_{\mathrm{h,2,k}}$ 分别为较薄（或边部）构件和较厚（或中部）构件的销槽承压强度标准值；t_1、t_2 分别为较薄构件和较厚构件厚度；$\beta = f_{\mathrm{h,2,k}}/f_{\mathrm{h,1,k}}$，为较厚（或中部）构件与较薄（或边部）构件的销槽承压强度比；$M_{\mathrm{y,Rk}}$ 为销塑性铰屈服弯矩的标准值；$F_{\mathrm{ax,Rk}}$ 为销抗拔承载力的标准值。

欧洲规范 EC 5 与我国和其他国家规范的最显著不同之处是考虑了螺栓、钉和螺钉（纯粹的销除外）在最终受弯变形情况下，由于端部螺母、螺帽的作用使螺杆承受拉力作用，该拉力及摩擦力沿荷载作用方向的分量提高了销连接的侧向抗力，称之为绳索效应（Rope effect）。规范 EC 5 规定螺栓连接考虑绳索效应时的侧向抗力最多可提高不计绳索效应侧向抗力的 0.25 倍，螺钉连接则可提高 1.0 倍。规范 EC 5 的另一特点是销的侧向承载力用塑性铰弯矩表示，计算式为

$$M_{\mathrm{y,Rk}} = 0.3 f_{\mathrm{u,k}} d^{2.6} \tag{5-25}$$

式中：$f_{\mathrm{u,k}}$ 为销钢材的极限强度。

式(5-25) 中采用了钢材的极限强度计算塑性铰弯矩，所谓的绳索效应也只有在很大的弯曲变形情况下，才有可能在螺杆中产生显著拉力并产生侧向力方向的分量。说明欧洲规范 EC 5 是

在螺栓连接发生极大变形的情况下，定义销连接极限状态的承载力的。从这个意义上讲，规范 EC 5 在销连接承载力的计算上，相比美国规范 NDSWC 和我国规范 GB 50005 是偏于不保守的（见 5.6 节）。

虽然式(5-23) 和式(5-24) 表示的是承载力的标准值，但与钢材屈服或形成塑性铰相联系的承载力计算式中含有系数 1.05 和 1.15，这实际上是由于木材和钢材具有不同的材料分项系数所致。规范 EC 5 销连接承载力设计值为

$$R_d = \frac{R_k k_{\text{mod}}}{\gamma_M} \tag{5-26}$$

式中：k_{mod} 为荷载持续作用效应系数；γ_M 为连接的抗力分项系数，取值与锯材的材料分项系数相同。以形成两个塑性铰的情况为例，承载力设计值应为 $R_d = \sqrt{M_{yd} f_{hd} d} = \sqrt{\dfrac{M_{yk}}{\gamma_{Ms}} \dfrac{k_{\text{mod}} f_{hk}}{\gamma_{Mw}} d} = \dfrac{k_{\text{mod}} R_k}{\gamma_{Mw}} \sqrt{\dfrac{\gamma_{Mw}}{\gamma_{Ms} k_{\text{mod}}}}$，其中 γ_{Mw}、γ_{Ms} 分别为锯材和钢材的材料分项系数。$\gamma_{Mw}/\gamma_{Ms} \approx 1.2$，干燥环境条件下 $k_{\text{mod}} = 0.9$，故 $\sqrt{\dfrac{\gamma_{Mw}}{\gamma_{Ms} k_{\text{mod}}}} \approx 1.15$。对于形成一个塑性铰的情况，钢材所起作用的程度比两个塑性铰的情况要低一些，故该系数约取为 1.05。另外，从式(5-26) 以及系数 1.15、1.05 的推导过程可以看出，规范 EC 5 将荷载持续作用效应系数应用于木材的销槽承压强度，而规范 NDSWC 并没有说明这一点，荷载持续作用效应系数包含在销连接的安全系数 R_d 中了。

5.2　螺栓连接试验研究

5.2.1　销槽承压试验

参考标准 ASTM D 5764[12]，销槽承压试件采用半孔销槽承

压形式，木材纹理清晰、顺直，在销槽及附近部位无木节等缺陷，且销槽直径比钢销直径约大 1.6mm。试验采用的圆钢销直径 d 分别为 12mm、14mm、16mm 和 18mm，树种为樟子松（Pinus sylvestris var. mogonica）和东北落叶松（Northeast larch），分别进行顺纹和横纹销槽承压试验。对于直径为 12mm 的圆钢销，试件的尺寸为 50mm×50mm×30mm（宽×高×厚），对于其他直径的圆钢销，试件的尺寸皆为 80mm×80mm×40mm（宽×高×厚）。试件的数量列于表 5-1。

樟子松、落叶松木材销槽承压强度试验结果　　　表 5-1

树种	d(mm)	n	M(%)	V_M(%)	S_d	V_{Sd}(%)	f_h(MPa)	V_{fh}(%)
$P_{/\!/}$	12	36	9.66	7.37	0.407	7.85	29.51	11.22
	14	21	9.46	4.10	0.437	7.23	35.57	10.92
	16	19	9.33	4.12	0.429	6.58	33.54	7.81
	18	20	9.40	3.18	0.431	6.02	29.73	11.72
$P_{\perp}$	12	39	9.25	12.10	0.419	8.27	13.17	15.47
	14	21	9.25	3.62	0.483	2.96	16.47	17.57
	16	20	9.51	6.73	0.454	6.56	16.54	17.63
	18	20	9.41	4.01	0.424	8.27	13.97	12.47
$L_{/\!/}$	12	40	9.33	9.01	0.719	11.15	59.54	12.48
	14	19	9.34	8.08	0.700	9.90	49.25	17.12
	16	19	9.36	6.80	0.727	8.86	51.07	11.80
	18	20	9.48	7.89	0.675	13.09	47.75	18.62
$L_{\perp}$	12	39	10.36	3.59	0.714	11.60	26.34	17.61
	14	20	9.19	9.94	0.705	14.60	26.94	25.40
	16	18	9.39	5.51	0.736	11.23	27.72	36.20
	18	20	9.45	7.49	0.771	11.45	31.89	40.88

注：P 表示樟子松，L 表示落叶松（下同）；n 表示试件数量；M 表示含水率（平均值）；S_d 表示全干相对密度（平均值）；f_h 表示销槽承压强度（平均值）；V_M、V_{Sd}、V_{fh} 分别表示 M、S_d 和 f_h 的变异系数；$/\!/$、$\perp$ 分别表示销槽顺纹承压和横纹承压。

采用 WDW-100D 型微机控制电子式万能试验机加载，速度为 1mm/min，加载情景如图 5-3 所示。两块量程为 30mm、精度为 0.01mm 的机电百分表对称布置于承托试件的钢板的中线上，所测位移的平均值即为钢销的位移。钢板下方设置一 NS-WL2 型力传感器顶，测量荷载的大小。利用 WS3811 自动数据采集仪同步采集力和位移的数据。

图 5-3　销槽承压试验加载情景

根据标准 ASTM D 5764[12]，销槽承压屈服荷载由试验获得的荷载-位移曲线确定，即销槽塑性变形达到销直径的 5％时所对应的荷载。如果荷载-位移曲线与 5％钢销直径的销槽塑性变形的交点在最大荷载之后，荷载-位移曲线上的最大荷载即为屈服荷载。加载试验后，参照标准 GB/T 1931—2009[13] 和 ASTM D 4442[14] 测量木材的含水率。

试验共对 390 个试件进行了销槽承压强度测试，并且对各试件含水率进行了测定，进而计算气干相对密度。全干相对密度则由气干相对密度换算得到。根据标准 ASTM D 2395[15]，全干相对密度与气干相对密度的关系为 $S_d = S_a/(1-0.009M)$，其中 S_d 为木材的全干相对密度，等于全干重量除以全干体积；S_a 为木材的气干相对密度，等于全干重量除以气干体积；M 为对应于气干相对密度的含水率（％）。

需要注意的一点是关于木材气干密度的计算方法。我国规范 GB 50005 中为气干材的质量除以气干材的体积，而美国规范

NDSWC 中木材的气干密度为全干材的质量除以气干材的体积。两者的换算关系为 $S_{a\,GB5} = S_{a\,NDSWC}\,(1 + M/100)$，其中 M 为木材的含水率。

两树种木材的销槽承压强度、含水率和全干相对密度的平均值及变异系数列于表 5-1。表中所列的樟子松和东北落叶松木材的销槽承压强度，仅代表该批次木材的相关物理力学特性，其作用是验证相同批次木材螺栓连接承载力的试验结果。

5.2.2 螺栓连接试验

我国学者曾进行过相同材质等级木构件螺栓连接的承载力试验[6~8]，但尚缺乏不同材质等级木构件螺栓连接试验数据。故选用樟子松、东北落叶松两个树种木材，开展不同材质等级木构件螺栓连接试验研究，为螺栓连接设计计算提供依据。参考标准 GB/T 50329[16] 和 ASTM D 5652[17]，试验采用对称双剪螺栓连接，螺栓直径分别为 12mm、16mm 和 18mm，强度等级为 Q235。经拉伸试验，测得螺栓钢材的屈服强度平均值为 243.45N/mm²。与螺栓直径大小相对应，中部和边部构件的长度分别为 150mm、200mm 和 230mm，宽度分别为 80mm、100mm 和 120mm，皆符合螺栓连接边距、端距的要求。螺栓连接试件的材料组合、厚度及分组情况列于表 5-2。对应于双剪连接的 4 种屈服模式，每种组合都含 3 个试件，共 144 个试件。

螺栓连接试件的厚度　　　　　　　表 5-2

d(mm)	树种组合	c-a(mm)			
		I_m	I_s	III_s	IV
12	P-P	40-30	40-10	60-30	60-60
	P-L	40-20	40-10	60-30	60-50
	L-L	40-50	40-10	60-30	60-60
	L-P	40-50	40-20	60-30	60-60

d(mm)	树种组合	c-a(mm)			
		I_m	I_s	III_s	IV
16	P-P	40-30	40-10	80-40	80-80
	P-L	40-20	40-10	80-40	80-60
	L-L	40-30	40-10	80-40	80-60
	L-P	40-30	40-20	60-30	60-60
18	P-P	40-30	40-10	80-40	80-80
	P-L	40-20	40-10	100-40	100-80
	L-L	40-30	40-10	80-40	80-80
	L-P	40-30	40-20	80-40	80-80

注：P-L 表示中部构件采用樟子松，边部构件采用东北落叶松，其余类推。

试验采用 WDW-100D 型微机控制电子式万能试验机加载，加载速度为 1mm/min。采用量程为 30mm、测量精度为 0.01mm 的机电百分表测量边部与中部构件的相对滑移。两侧设置的百分表是通过自行设计的表座固定在边部构件上的，以便测量中、边部构件的相对滑移。加载情景如图 5-4 所示。当发生下列现象之一时，即认为试件破坏，终止加载：①螺栓在中部构件中发生弯曲，在边部构件表面出孔处末端上翘而出现反向挤压木材现象，试件的相对位移达到 10mm 以上；②螺栓在中部及边部构件中均发生弯曲，其末端虽无上翘现象，但是试件的

图 5-4　螺栓连接试验加载情景

相对位移达到 15mm 以上。由荷载-位移曲线确定屈服荷载的方法，与销槽承压试验确定屈服荷载的方法相同。

以销直径为 12mm 为例，图 5-5 和图 5-6 分别给出了螺栓连接试件（樟子松）的荷载-位移曲线（每组含三个试件）和破坏形式，即试件破坏后销槽和销的变形情况。图 5-5 显示，无论哪种屈服模式，螺栓连接都具有良好韧性；螺栓连接的承载力随构件厚度的增大而增大，随螺栓塑性铰个数的增多而增大；螺栓连接的承载力和刚度，都具有一定的离散性，但就承载力而言，塑性发展越充分，离散性越小。图 5-6 显示，对于屈服模式 I_m（图 5-6a），有些螺栓有微小变形，但变形不大，中部构件销槽承压破坏明显，而边部构件螺栓孔附近几乎没有变形；对于屈服模式 I_s（图 5-6b），螺栓没有变形，边部构件销槽承压变形较大；对于屈服模式 III_s（图 5-6c），中、边部构件销槽承压变形都较为明显，螺栓在中部构件内形成一个塑性铰；对于屈服模式 IV（图

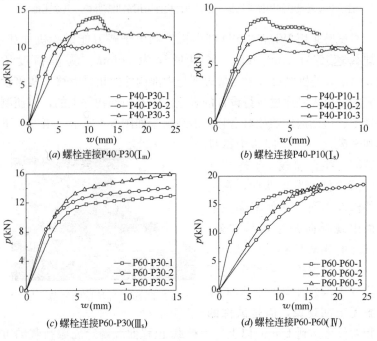

图 5-5　螺栓连接试件的荷载-位移曲线（$d＝12mm$）

5-6*d*)，中、边部构件销槽承压变形明显，在中部构件内形成一个塑性铰，且塑性发展较为明显，在边部构件内的塑性铰并不明显，说明塑性发展并不充分。直径为 16mm、18mm 螺栓连接试件的荷载-位移曲线和破坏形式皆与图 5-5、图 5-6 类似，不一一赘述。

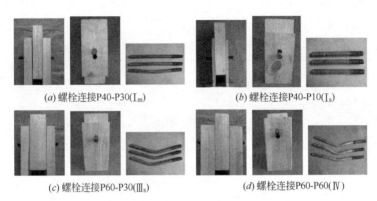

(*a*) 螺栓连接P40-P30(I_m)　　　(*b*) 螺栓连接P40-P10(I_s)

(*c*) 螺栓连接P60-P30(III_s)　　　(*d*) 螺栓连接P60-P60(IV)

图 5-6　螺栓连接试件的典型破坏形式（*d*＝12mm）

将 3 种直径螺栓连接试件承载力的试验结果分别列于表 5-3、表 5-4 和表 5-5，其中每一组组合都代表 3 个试件承载力的平均值。由于实际的销槽承压强度与预先估计有所不同，某一组试件实际发生的屈服模式可能与预期不同，则在括号内标注实际发生的屈服模式。

螺栓连接承载力试验与计算结果对比（*d*＝12mm）　表 5-3

试件	屈服模式	P_t (kN)	P_c(kN)				$R_\text{t}(=P_\text{c}/P_\text{t})$			
			I_s、I_m	III_s、$\text{IV}(1)$	III_s、$\text{IV}(2)$	III_s、$\text{IV}(3)$	I_s、I_m	III_s、$\text{IV}(1)$	III_s、$\text{IV}(2)$	III_s、$\text{IV}(3)$
P40-P30	I_m	10.83	14.16	—	—	—	1.307	—	—	—
P40-P10	I_s	7.36	7.08	—	—	—	0.962	—	—	—
P60-P30	III_s	10.44	—	12.23	11.17	10.52	—	1.171	1.070	1.008
P60-P60	IV	11.51	—	16.07	14.09	12.79	—	1.400	1.224	1.111

试件	屈服模式	P_t (kN)	P_c(kN)				$R_t(=P_c/P_t)$			
			I_s、I_m	$Ⅲ_s$、$Ⅳ(1)$	$Ⅲ_s$、$Ⅳ(2)$	$Ⅲ_s$、$Ⅳ(3)$	I_s、I_m	$Ⅲ_s$、$Ⅳ(1)$	$Ⅲ_s$、$Ⅳ(2)$	$Ⅲ_s$、$Ⅳ(3)$
P40-L20	I_m	13.29	14.16	—		—	1.065	—		—
P40-L10	I_s	11.45	14.29	—		—	1.248	—		—
P60-L30	$Ⅲ_s$	12.17	—	16.87	15.91	14.79 (Ⅳ)	—	1.386	1.307	1.164
P60-L50	Ⅳ	12.55		18.57	16.28	14.78	—	1.480	1.297	1.178
L40-L50	I_m (Ⅳ)	16.37	—	22.93	20.11	18.25	—	1.401	1.228	1.115
L40-L10	I_s	13.32	14.29	—		—	1.073	—		—
L60-L30	$Ⅲ_s$	12.21	—	19.83	18.63	17.91	—	1.624	1.526	1.467
L60-L60	Ⅳ	14.78	—	22.83	20.00	18.13	—	1.545	1.353	1.227
L40-P50	I_m ($Ⅲ_s$)	13.61	—	16.93	16.06	14.78 (Ⅳ)	—	1.244	1.180	1.086
L40-P20	I_s	12.91	14.16	—		—	1.097	—		—
L60-P30	$Ⅲ_s$	12.04	—	13.85	12.57	11.80	—	1.150	1.044	0.980
L60-P60	Ⅳ	13.35	—	18.56	16.29	14.78	—	1.390	1.220	1.107

注：P_t为每组 3 个试件试验承载力的平均值，P_c为承载力计算值；R_t为校验系数；P40-P30 分别表示中部构件和边部构件樟子松的厚度，单位 mm，其余类推；首行括号中的数字 1 表示按规范 NDSWC-2005 计算（$k_w=1.7$，$k_{ep}=1.3$），2 表示按理想弹塑性本构模型且塑性完全发展计算（$k_w=1.7$，$k_{ep}=1.0$），3 表示按理想弹塑性本构模型但塑性不完全发展计算（$k_w=1.4$，$k_{ep}=1.0$）。表 5-4、表 5-5 同此。

螺栓连接承载力试验与计算结果对比（$d=16$mm）　表 5-4

试件	屈服模式	P_t (kN)	P_c(kN)				$R_t(=P_c/P_t)$			
			I_s、I_m	$Ⅲ_s$、$Ⅳ(1)$	$Ⅲ_s$、$Ⅳ(2)$	$Ⅲ_s$、$Ⅳ(3)$	I_s、I_m	$Ⅲ_s$、$Ⅳ(1)$	$Ⅲ_s$、$Ⅳ(2)$	$Ⅲ_s$、$Ⅳ(3)$
P40-P30	I_m	21.46	21.47	—		—	1.000	—		—
P40-P10	I_s	9.00	10.73	—		—	1.192	—		—
P80-P40	$Ⅲ_s$	20.95	—	23.60	21.67	20.49	—	1.126	1.034	0.978
P80-P80	Ⅳ	23.47	—	30.46	26.73	24.26	—	1.298	1.139	1.034

试件	屈服模式	P_t (kN)	P_c(kN)				$R_t(=P_c/P_t)$			
			I_s、I_m	III_s、$IV(1)$	III_s、$IV(2)$	III_s、$IV(3)$	I_s、I_m	III_s、$IV(1)$	III_s、$IV(2)$	III_s、$IV(3)$
P40-L20	I_m	20.62	21.47	—	—	—	1.041	—	—	—
P40-L10	I_s	13.21	16.34	—	—	—	1.237	—	—	—
P80-L40	III_s	21.06	—	28.74	26.90	25.79	—	1.365	1.277	1.225
P80-L60	IV	23.87	—	33.46	29.35	26.61	—	1.402	1.230	1.115
L40-L30	I_m (III_s)	23.30	—	28.48	26.00	24.46	—	1.222	1.116	1.050
L40-L10	I_s	12.03	16.34	—	—	—	1.358	—	—	—
L80-L40	III_s	22.32	—	31.51	29.43	28.17	—	1.412	1.319	1.262
L80-L60	IV	25.78	—	37.58	32.96	29.91	—	1.458	1.279	1.160
L40-P30	I_m (III_s)	22.70	—	24.08	21.56	19.99	—	1.061	0.950	0.881
L40-P20	I_s	22.21	19.48	21.47	—	—	1.102	—	—	—
L60-P30	III_s	24.67	—	24.08	21.56	19.99	—	0.976	0.873	0.810
L60-P80	IV	25.57	—	33.46	29.35	26.63	—	1.309	1.148	1.041

螺栓连接承载力试验与计算结果对比（$d=18$mm） 表 5-5

试件	屈服模式	P_t (kN)	P_c(kN)				$R_t(=P_c/P_t)$			
			I_s、I_m	III_s、$IV(1)$	III_s、$IV(2)$	III_s、$IV(3)$	I_s、I_m	III_s、$IV(1)$	III_s、$IV(2)$	III_s、$IV(3)$
P40-P30	I_m	20.91	21.41	—	—	—	1.024	—	—	—
P40-P10	I_s	10.67	10.70	—	—	—	1.003	—	—	—
P80-P40	III_s	24.77	—	26.89	24.35	22.77	—	1.086	0.983	0.919
P80-P80	IV	26.58	—	34.93 (III_s)	31.84	28.89	—	1.314	1.198	1.087
P40-L20	I_m	19.83	21.41	—	—	—	1.080	—	—	—
P40-L10	I_s	13.48	17.19	—	—	—	1.275	—	—	—
P100-L40	III_s	27.53	—	32.59	30.19	28.70	—	1.184	1.097	1.042
P100-L80	IV	29.25		40.29	35.34	32.07		1.377	1.208	1.096

试件	屈服模式	P_t (kN)	P_c(kN)				$R_t(=P_c/P_t)$			
			I_s、I_m	$Ⅲ_s$、$Ⅳ(1)$	$Ⅲ_s$、$Ⅳ(2)$	$Ⅲ_s$、$Ⅳ(3)$	I_s、I_m	$Ⅲ_s$、$Ⅳ(1)$	$Ⅲ_s$、$Ⅳ(2)$	$Ⅲ_s$、$Ⅳ(3)$
L40-L30	I_m($Ⅲ_s$)	27.44	—	33.68	30.37	28.33	—	1.234	1.107	1.115
L40-L10	I_s	16.83	17.19	—	—	—	1.021	—	—	—
L80-L40	$Ⅲ_s$	29.54	—	36.37	33.54	31.82	—	1.231	1.135	1.077
L80-L80	$Ⅳ$	33.74	—	46.00	42.70	38.75	—	1.363	1.266	1.148
L40-P30	I_m($Ⅲ_s$)	27.97	—	28.50	25.23	23.17	—	1.019	0.902	0.828
L40-P20	I_s	22.21	21.41	—	—	—	0.964	—	—	—
L80-P40	$Ⅲ_s$	25.67	—	29.44	26.58	24.80	—	1.147	1.035	0.966
L80-P80	$Ⅳ$	26.05	—	38.63 ($Ⅲ_s$)	35.36	32.09	—	1.483	1.357	1.232

5.3 螺栓连接承载力的计算

5.3.1 销连接承载力的建议计算方法

目前国际上广泛采用的是 Johansen 销连接承载力计算方法[2]，亦即欧洲屈服模式。该方法以销槽承压和销承弯应力-应变关系为刚塑性模型为基础，并以连接产生 $0.05d$ （销直径）的塑性变形为承载力极限状态的标志。与我国规范目前采用的理想弹塑性材料本构模型相比，屈服模式 I_m、I_s 和 $Ⅳ$ 对应的承载力是相同的。屈服模式 $Ⅱ$、$Ⅲ_m$ 和 $Ⅲ_s$，基于刚塑性本构模型所计算的承载力略高于理想弹塑性材料本构模型，但差距基本在 10% 以内[18]。为便于不同材质等级木构件螺栓连接设计计算，建议采用 Johansen 销连接承载力计算方法。

不论基于何种屈服模式，销连接承载力的计算均可归结为销槽有效承压长度（a_0、c_0）或销槽有效承压长度系数（K_a、

K_c）的确定上。例如利用较薄构件计算承载力，$R=a_0df_{ha}=K_aadf_{ha}$，利用较厚构件计算，则为 $R=c_0df_{hc}=K_ccdf_{hc}$。基于这种想法，各种屈服模式下销连接每个剪面的承载力标准值可用下式表示：

$$R_k=K_{a,\min}adf_{ha} \tag{5-27}$$

$$K_{a,\min}=\min\{K_{aI}, K_{aII}, K_{aIIIs}, K_{aIIIm}, K_{aIV}\} \tag{5-28}$$

式中：$K_{a,\min}$ 为较薄构件（单剪连接）或边部构件（双剪连接）的销槽承压最小有效长度系数；d 为销直径；a 为较薄或边部构件的厚度；f_{ha} 为较薄或边部构件的销槽承压强度；K_{aI}、K_{aII}、K_{aIIIs}、K_{aIIIm}、K_{aIV} 分别为对应各种屈服模式的较薄或边部构件的销槽承压有效长度系数。采用销槽承压有效长度系数，既反映了销槽承压工作的原理，又能统一表示销连接承载力的计算表达式（如式（5-27））。经推导，各种屈服模式的销槽承压有效长度系数分别表示为：

$$K_{aI}=\alpha\beta\leqslant1.0（单剪连接） \tag{5-29}$$

$$K_{aI}=\alpha\beta/2\leqslant1.0（双剪连接） \tag{5-30}$$

$$K_{aII}=\frac{\sqrt{\beta+2\beta^2(1+\alpha+\alpha^2)+\alpha^2\beta^3}-\beta(1+\alpha)}{1+\beta}（仅用于单剪） \tag{5-31}$$

$$K_{aIIIm}=\frac{\alpha\beta}{1+2\beta}\left[\sqrt{2(1+\beta)+\frac{1.647(1+2\beta)k_{ep}f_{yk}}{3\beta f_{ha}\alpha^2\eta^2}}-1\right]（仅用于单剪） \tag{5-32}$$

$$K_{aIIIs}=\frac{\beta}{2+\beta}\left[\sqrt{\frac{2(1+\beta)}{\beta}+\frac{1.647(2+\beta)k_{ep}f_{yk}}{3\beta f_{ha}\eta^2}}-1\right] \tag{5-33}$$

$$K_{aIV}=\frac{1}{\eta}\sqrt{\frac{1.647\beta k_{ep}f_{yk}}{3(1+\beta)f_{ha}}} \tag{5-34}$$

上述各式中：$\alpha=c/a$，为木构件的厚度比；f_{ha}、f_{hc} 分别为较薄或边部构件和较厚或中部构件的销槽承压强度标准值；$\beta=f_{hc}/f_{ha}$，为木构件的销槽承压强度比；d 为销直径；$\eta=a/$

d，为销径比；f_{yk}为圆钢销的屈服强度标准值；k_{ep}为弹塑性强化系数。当式（5-29）中计算值$\alpha\beta<1.0$或式（5-30）中$\alpha\beta/2<1.0$时，对应于屈服模式I_m；当式（5-29）中计算值$\alpha\beta\geqslant1.0$或式（5-30）中$\alpha\beta/2\geqslant1.0$时，对应模式$I_s$，取$K_{aI}=1.0$。式（5-31）～式（5-34）分别对应于屈服模式Ⅱ、Ⅲ$_m$、Ⅲ$_s$和Ⅳ，双剪连接不计式（5-31）、式（5-32）。式（5-32）～式（5-34）中含圆钢销屈服强度的各项是与圆钢销的塑性铰对应的，其处理方法与欧美国家的规范有所不同。例如美国规范NDSWC-2005[3]，考虑圆钢销塑性完全发展，塑性铰弯矩标准值取为$M_{yk}=\pi d^3 f_{yk}$ $k_w/32=d^3 f_{yk}/6$，其中$k_w\approx1.7$。而我国规范销连接计算中，考虑塑性并不充分发展，取$k_w\approx1.4$。另一不同之处是采用了弹塑性系数k_{ep}，以体现所用钢销材质特性对连接承载力的影响。对于我国木结构常用的Q235钢等低碳钢，符合理想弹塑性假设，取$k_{ep}=1.0$；对于美国规范NDSWC-2005所用具有强化阶段的钢材，$k_{ep}=1.3$。下述计算结果与试验结果对比将证实，我国采用$k_w\approx1.4$、$k_{ep}=1.0$的传统方法，更符合实际情况。

无论销槽有效承压长度系数由哪种屈服模式计算决定，其有意义的最大值只能是1.0，即代表销槽沿全长受压，此时对应着销连接的最大承载力。如果所计算的销槽有效承压长度系数大于1.0，说明已经"超筋"，销并不屈服，此时增大销直径（增加配筋）并不能提高销连接的承载力。若要提高销连接的承载力，需要增大木构件的厚度（增大截面）或提高木材的强度等级。反之，如果所计算的销槽有效承压长度系数过小，则有"少筋"之嫌。

5.3.2 螺栓连接承载力试验结果与计算结果对比

将试验所得木材的销槽承压强度平均值和钢材的屈服强度平均值代入式（5-29）～式（5-34），计算销槽承压有效长度系数，再代入式（5-27），即得螺栓连接的承载力计算值，亦分别列于表5-3、表5-4和表5-5，以便与试验结果对比。表中的校验系数R_t是承载力的计算值与试验结果之比。校验系数的平均值列于表

5-6。由表5-3～表5-6可以发现，对销槽承压屈服模式 I_m 或 I_s，计算结果与试验结果吻合良好，校验系数的平均值为1.12。对形成塑性铰的屈服模式Ⅲ$_s$或Ⅳ，按美国规范 NDSWC-2005 计算（k_w＝1.7、k_{ep}＝1.3），校验系数的平均值为1.29；按理想弹塑性本构模型且塑性完全发展计算（k_w＝1.7、k_{ep}＝1.0），校验系数的平均值为1.17；按理想弹塑性本构模型但塑性不完全发展计算（k_w＝1.4、k_{ep}＝1.0），校验系数的平均值为1.09，与屈服模式 I_m 或 I_s 的校验系数相当。

螺栓连接承载力计算校验系数　　　　　　　表 5-6

d(mm)	$R_t(=P_c/P_t)$			
	I_s、I_m	Ⅲ$_s$、Ⅳ（1）	Ⅲ$_s$、Ⅳ（2）	Ⅲ$_s$、Ⅳ（3）
12	1.13	1.38	1.24	1.14
16	1.16	1.25	1.14	1.08
18	1.06	1.24	1.13	1.04
Mean	1.12	1.29	1.17	1.09

注：R_t 及首行括号中的数字同表 5-3 注。

上述分析表明，对销槽承压屈服模式，销槽承压试验与螺栓连接承载力试验的结果是一致的，即利用销槽承压强度计算螺栓连接的承载力与试验结果基本一致；对形成塑性铰的屈服模式，无论是单从每一组试件的校验系数来看，还是从校验系数的平均值来看，考虑钢销截面完全进入塑性且钢材强化的欧美各国规范计算方法，过高地估计了销连接的承载力，而我国规范考虑塑性不完全发展的计算方法，与实际情况最相符。因此建议，规范 GB 50005 销连接承载力计算仍宜沿用考虑塑性不完全发展的方法。至于是否考虑钢材的强化性质，则应根据圆钢销所用钢材的特性决定。

5.3.3　螺栓连接承载力的设计值

由于短期内难以获得有效的各类统计参数，目前完成对应螺栓连接 6 种屈服模式的可靠度分析，尚有困难。规范 GBJ 5—88

条文说明[19]已阐明，我国木结构螺栓连接的平均可靠度指标为3.94。王振家教授于20世纪80年代采用线性二阶矩法（即一次二阶矩法，FOSM）对销连接进行了可靠度分析[20]，结论是销槽承压破坏形式的销连接的可靠度指标为3.95，销承弯破坏形式的销连接的可靠度指标为3.48，与规范GBJ 5—88条文说明基本一致。目前可行的一种办法是，在保持与规范GBJ 5—88和GB 50005—2003可靠度水准一致的前提下，进行螺栓连接承载力校准，即将由式(5-27)～式(5-34)计算所得的螺栓连接承载力标准值，与规范GB 50005—2003所规定的螺栓连接承载力设计值进行比较，确定与各种屈服模式对应的抗力分项系数，进而计算每个剪面的承载力设计值R_d。可由下式计算：

$$R_d = K_{ad,min} a d f_{ha} \tag{5-35}$$

式中：a 为较薄或边部构件的厚度；d 为螺栓的直径；f_{ha} 为较薄或边部构件的销槽承压强度；$K_{ad,min}$ 为确定螺栓连接承载力设计值的销槽承压有效长度系数。

$$K_{ad,min} = \min\left\{\frac{K_{aI}}{\gamma_I}, \frac{K_{aII}}{\gamma_{II}}, \frac{K_{aIII_s}}{\gamma_{III}}, \frac{K_{aIII_m}}{\gamma_{III}}, \frac{K_{aIV}}{\gamma_{IV}}\right\} \tag{5-36}$$

其中，屈服模式 I_m、I_s 都是销槽均匀承压破坏，故采用同一抗力分项系数 γ_I；屈服模式 III_m、III_s 都是螺栓形成一个塑性铰，也采用同一抗力分项系数 γ_{III}。这样，对应于6种屈服模式，共有4个抗力分项系数。还需指出，各抗力分项系数已包含了荷载持续作用对销槽承压强度的影响系数。

各国木结构设计规范对于销槽承压强度的取值并不相同。规范 GB 50005—2003 对销槽顺纹、横纹承压强度取值分别等同于木材的顺纹抗压强度和横纹抗压强度。取值虽然简单，但并不适用于现代木结构用材的要求。鉴于规范 GB 50005—2003 和规范 GB/T 50708—2012 的相关条款已引用了规范 NDSWC-2005 的规定，故建议销槽承压强度标准值也按规范 NDSWC-2005 的方法计算。

销槽顺纹承压取

$$f_h = 77G \tag{5-37}$$

横纹承压取

$$f_{h\perp} = 212G^{1.45}/\sqrt{d} \tag{5-38}$$

以上两式中 G 为木材的全干相对密度（无量纲），销槽承压强度的单位为 $\mathrm{N/mm^2}$。

1. 螺栓连接屈服模式 $\mathrm{I_m}$、$\mathrm{I_s}$ 对应的抗力分项系数 γ_I

为与规范 GB 50005—2003 螺栓连接设计的可靠性保持基本一致，统计分析了东北落叶松等 8 种已知全干密度树种木材，与屈服模式 $\mathrm{I_m}$、$\mathrm{I_s}$ 对应的螺栓连接的承载力，结果列于表 5-7。表中规范 GB 50005—2003 螺栓连接承载力设计值按 $R_d = 0.7adf_c$ 计算（即将式(5-5)中的销槽承压强度 f_h 代之以 $0.7f_c$，f_c 为木材的顺纹抗压强度），承载力标准值 R_k 按式(5-27)、式(5-29)计算，其中的销槽承压强度按式(5-37)计算（下同）。抗力分项系数 $\gamma_I = R_k/R_d$。由此获得的抗力分项系数平均值 $\gamma_I = 4.38$，变异系数 V_I 为 0.069。取 $\gamma_I = 4.38$，所建议的承载力设计值计算式与规范 GB 50005—2003 的计算结果相比，绝对误差平均值为 6.3%。

螺栓连接屈服模式 $\mathrm{I_m}$、$\mathrm{I_s}$ 承载力校准 　　　　表 5-7

树种	f_c(MPa)	f_{ha}(MPa)	$R_k(\times ad)$	$R_d(\times ad)$	$\gamma_I = R_k/R_d$
南方松	13	42.35	42.35	9.10	4.65
东北落叶松	15	42.35	42.35	10.50	4.03
花旗松-落叶松	13	38.50	38.50	9.10	4.23
铁杉-冷杉	10	33.11	33.11	7.00	4.73
西部铁杉	13	36.19	36.19	9.10	3.98
北美山地松	10	29.26	29.26	7.00	4.18
云杉-松-冷杉	10	32.34	32.34	7.00	4.62
樟子松	10	32.34	32.34	7.00	4.62

注：表中 R_k 系按式(5-27)计算的承载力标准值；R_d 系按规范 GB 50005—2003 计算的承载力设计值。表 5-8、表 5-9 同此。

螺栓连接屈服模式Ⅱ和Ⅲs、Ⅲm、Ⅳ承载力校准

表5-8

树种	R_k/R_d									
	Ⅱ					Ⅲs、Ⅲm、Ⅳ				
	$c/a=1.0$	$c/a=1.5$	$c/a=2.0$	$c/a=2.5$	$c/a=3.0$	$a/d=2$	$a/d=3$	$a/d=4$	$a/d=5$	$a/d=6(Ⅳ)$
南方松	17.53/3.9	22.66/5.85	28.76/7.8	35.04/9.75	42.35/11.7	42.54/19.72	52.49/19.83	52.27/21.99	52.27/24.16	52.27/27.04
东北落叶松	17.53/4.5	22.66/6.75	28.76/9.00	35.0/11.25	42.35/13.5	42.54/21.35	52.49/21.30	52.27/23.63	52.27/25.95	52.27/29.05
花旗松-落叶松	15.94/3.9	20.60/5.85	26.14/7.8	32.19/9.75	38.50/11.7	39.84/19.72	48.59/19.83	49.84/21.99	49.84/24.16	49.84/27.04
铁杉-冷杉	13.71/3.0	17.71/4.50	22.48/6.00	27.68/7.50	33.11/9.00	36.00/17.10	43.11/17.39	46.22/19.29	46.22/21.19	46.22/23.72
西部铁杉	14.98/3.9	19.36/5.85	24.57/7.80	30.25/9.75	36.1/11.70	38.20/19.72	46.24/19.83	48.32/21.99	48.32/24.16	48.32/27.04
北美山地松	12.11/3.0	15.65/4.50	19.87/6.00	24.46/7.50	29.26/9.00	33.22/17.10	39.17/17.39	43.45/19.29	43.45/21.19	43.45/23.72
云杉-松-冷杉	13.39/3.0	17.30/4.50	21.96/6.00	27.03/7.50	32.23/9.00	35.45/17.10	42.35/17.39	45.66/19.29	45.66/21.19	45.66/23.72
樟子松	13.39/3.0	17.30/4.50	21.96/6.00	27.03/7.50	32.23/9.00	35.45/17.10	42.35/17.39	45.66/19.29	45.66/21.19	45.66/23.72

注：表中木材的顺纹抗压强度与销槽承压强度同表5-7。螺栓连接与屈服模式Ⅱ对应的承载力为表中数值乘以 ad，分子、分母相除，故省略 ad，d^2。屈服模式Ⅲs、Ⅲm、Ⅳ对应的承载力为表中数值乘以 d^2，分子、分母相除以 d^2。

2. 螺栓连接屈服模式Ⅱ对应的抗力分项系数 $\gamma_Ⅱ$

与表5-7类似，统计分析了东北落叶松等8种已知全干密度树种木材与屈服模式Ⅱ对应的螺栓连接的承载力，结果列于表5-8。表中螺栓连接与屈服模式Ⅱ对应的承载力，分子为按式(5-27)、式(5-31)计算的承载力标准值，分母为按式(5-10)计算的规范 GB 50005—2003 螺栓连接承载力设计值，两者的比值即为抗力分项系数。由此获得的抗力分项系数平均值 $\gamma_Ⅱ$ = 3.63，变异系数 $V_Ⅱ$ 为 0.11。所建议的承载力设计值计算式与现行规范相比，绝对误差平均为 8.4%。

3. 螺栓连接屈服模式Ⅲs、Ⅲm、Ⅳ对应的抗力分项系数 $\gamma_Ⅲ$、$\gamma_Ⅳ$

屈服模式Ⅲs、Ⅲm、Ⅳ都涉及钢材的强度指标，因此首先需明确或验证规范 GB 50005—2003 中螺栓连接承载力的计算式所适用的钢材的强度设计值，或明确所适用钢材的强度等级。由式(5-8)和式(5-12)形成两个塑性铰的屈服模式对应的承载力可得，$R_b = k_v d^2 \sqrt{f_c} = 0.443 d^2 \sqrt{k_w f_y f_h}$。按规范 GB 50005 的处理方法，$f_h = f_c$，$k_v = 7.5$，故 $k_w f_y = (k_v/0.443)^2 = 286.6 \text{N/mm}^2$。规范 GBJ 5—88 条文说明[19]中将该值称为螺栓的抗弯强度设计值，大小为 290N/mm^2，与上面的推算结果基本是相同的。作为钢材强度设计值，$f_y = 286.6/k_w \approx 286.6/1.4 \approx 205\text{N/mm}^2$。钢材的强度标准值约为 $f_{yk} \approx 205 \times 1.1 = 225.5\text{N/mm}^2$，与Q235钢的强度标准值接近。这说明规范 GBJ 5—88 和 GB 50005—2003 中螺栓连接承载力的计算式中，所设定的螺栓的强度等级为 Q235 钢。因此，承载力校准时式(5-32)～式(5-34) 中钢材的强度标准值应取为 $f_{yk} = 235\text{N/mm}^2$。

实际上，螺栓连接设计使钢材与木材同时达到极限状态从而充分利用材料，是从结规—3—55[21]和规范 GBJ 5—73[22]直到规范 GBJ 5—88[23]和 GB 50005—2003，贯穿始终的思想，因此一直提倡使用强度低塑性好的钢材。例如规范 GBJ 5—73 中，采用 3 号钢，其强度标准值为 2400kg/cm^2，允许应力为 1700kg/cm^2，故在螺栓连接中其抗弯强度（允许应力）约为[10]1700×

$1.4 = 2400 \text{kg/cm}^2$，与规范 GBJ 5—88 和 GB 50005—2003 采用 Q235 钢是一脉相承的。

类似地，统计分析了东北落叶松等 8 种已知全干密度树种木材螺栓连接与屈服模式Ⅲ$_s$、Ⅲ$_m$、Ⅳ对应的承载力，结果亦列于表 5-8。表中螺栓连接与屈服模式Ⅲ$_s$、Ⅲ$_m$、Ⅳ对应的承载力，分子为按式 (5-27)、式 (5-33) 或式 (5-34) 计算的承载力标准值，分母为按规范 GB 50005—2003 计算的螺栓连接承载力设计值，两者的比值即为抗力分项系数。螺栓所用钢材为 Q235，$k_{\text{ep}} = 1.0$。对于厚径比 $a/d = 2$ 的情况，规范 GB 50005—2003 承载力设计值按式 (5-11) 计算；对于厚径比 $a/d = 3、4、5$ 的情况，承载力设计值按现行规范的规定计算，即 $R_d = k_v d^2 \sqrt{f_c}$。系数 k_v 即为式 (5-11) 中的 $5.2 + 0.0052(a/d)^2$ f_c 项，但其中木材的顺纹抗压强度 f_c 取为常用值 12N/mm^2。厚径比 $a/d = 4、5$ 时，规范 GB 50005—2003 偏于保守地按产生一个塑性铰计算，而按式 (5-33)、式 (5-34) 计算结果对比，已经产生两个塑性铰，但应一并计入屈服模式Ⅲ$_s$、Ⅲ$_m$。经计算，抗力分项系数平均值 $\gamma_{\text{Ⅲ}} = 2.22$，变异系数 $V_{\text{Ⅲ}}$ 为 0.082；抗力分项系数平均值 $\gamma_{\text{Ⅳ}} = 1.88$，变异系数 $V_{\text{Ⅳ}}$ 为 0.035。与规范 GB 50005—2003 相比，取 $\gamma_{\text{Ⅲ}} = 2.22$，螺栓连接承载力计算的绝对误差平均值为 6.9%；取 $\gamma_{\text{Ⅳ}} = 1.88$，绝对误差平均值为 3.1%。

经承载力校准，螺栓连接对应各屈服模式的抗力分项系数分别为 $\gamma_{\text{Ⅰ}} = 4.38$，$\gamma_{\text{Ⅱ}} = 3.63$，$\gamma_{\text{Ⅲ}} = 2.22$，$\gamma_{\text{Ⅳ}} = 1.88$。确定了与各屈服模式对应的螺栓连接抗力分项系数，就可以按式 (5-35) 计算螺栓连接的承载力设计值。采用类似方法，也可以解决钉连接承载力设计值计算问题。

5.4　钢夹板和钢填板销连接

工程中销连接在很多情况下可采用钢夹板或钢填板（内置式钢板）作为连接板，对于单剪连接中的钢板，也称为钢侧板。有的外国规范中[3,4]，将钢夹板或钢填板螺栓连接表示为钢-木连接（Steel-to-timber connections）。这类销连接的工作原理与全部为木构件的销连接（Timber-to-timber connections）是相同的，但承载力计算式可进一步简化。

5.4.1 钢夹板和钢填板销连接的工作原理

图 5-7 所示是钢夹板或钢填板销连接可能发生的屈服模式。无论是钢侧板单剪连接还是钢夹板对称双剪连接，都将木构件的厚度记为 a，木构件的销槽承压强度记为 f_{ha}，并假设钢板不会发生销槽承压破坏。

当钢夹板或钢侧板较厚时，单剪连接钢侧板对销的转动有足够的钳制作用，则不会发生屈服模式 I_m、II 和 III_m，只可能发生屈服模式 I_s、III_s 和 IV；对称双剪连接只可能发生屈服模式 I_m 和 IV。屈服模式 III_s 中销的塑性铰发生在钢板边部，即发生在木构件和钢板的交界面上。

当钢夹板或钢侧板较薄时，单剪连接钢侧板对销转动约束能力不足，所以不会发生屈服模式 I_m、I_s，也不会发生屈服模式 III_m、IV，只可能发生屈服模式 II（销刚体转动）和屈服模式 III_s（在木构件中形成一个塑性铰，此时薄钢侧板相当于木-木相连中的较薄构件）。对称双剪连接不会发生屈服模式 I_s（已假设边部构件不发生销槽承压破坏），也不会发生屈服模式 IV（较薄的边部构件约束销转动的能力不足，不能在边部构件中形成塑性铰）。可能发生屈服模式 I_m（中部木构件销槽承压失效），也可能发生屈服模式 III_s（在中部木构件中形成两个塑性铰，但相对于每一个剪面为一个塑性铰）。

钢填板销连接，不会发生屈服模式 I_m（中部钢板销槽承压失效），可能发生屈服模式 III_s（在厚钢板两侧各形成一个塑性铰，在薄钢板的中心形成一个塑性铰），也可能发生屈服模式 IV（在边部木构件内各形成一个塑性铰，在厚钢板两侧各形成一个塑性铰，在薄钢板的中心形成一个塑性铰）。厚钢填板与薄钢填板销连接承载力的计算结果是相同的，设计中不必区分厚薄。下面以钢侧板单剪连接为例，进一步说明销连接的工作原理。

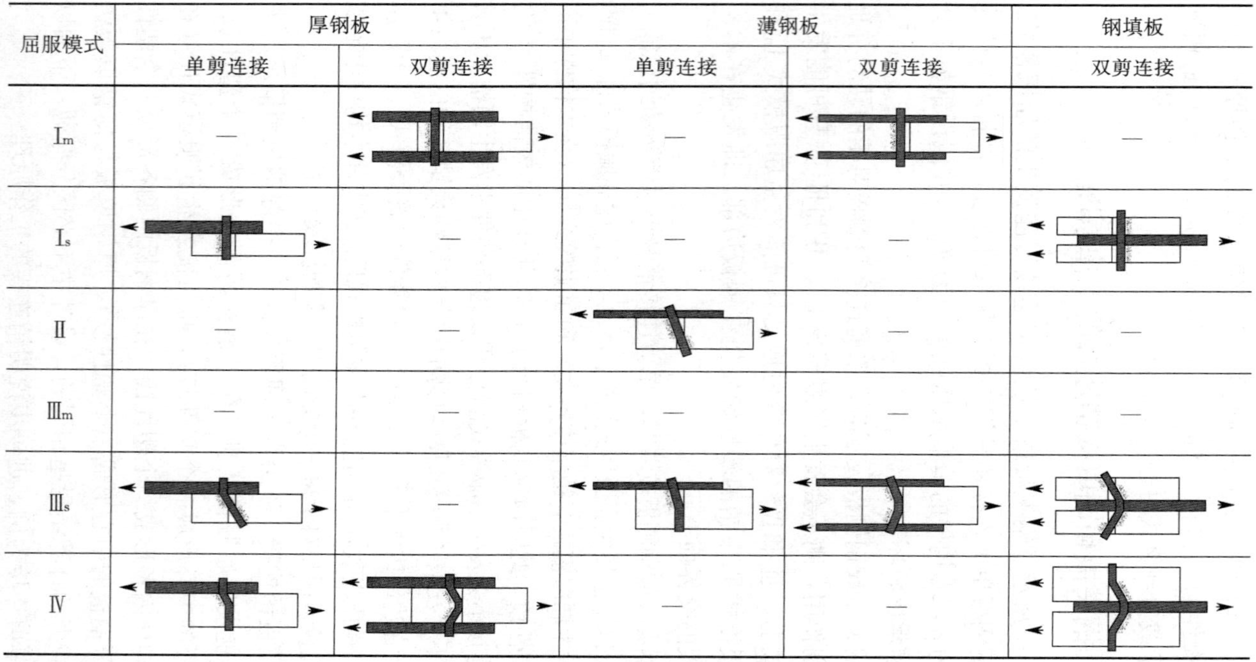

图 5-7　钢夹板和钢填板销连接的屈服模式

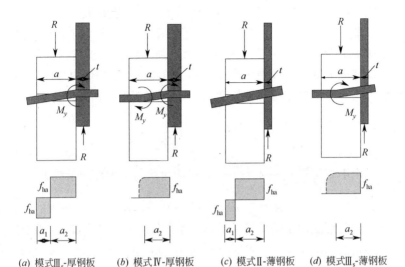

(a) 模式Ⅲs-厚钢板　　(b) 模式Ⅳ-厚钢板　　(c) 模式Ⅱ-薄钢板　　(d) 模式Ⅲs-薄钢板

图 5-8　钢夹板和钢填板销连接销槽承压应力分布

图 5-8(a) 所示是采用厚钢板销连接屈服模式Ⅲs对应的销槽承压应力分布图。由于厚钢板对销转动的约束能力足够强，销在钢板的边缘形成一个塑性铰。由于塑性铰位于钢板和木构件的交界面上，销塑性铰截面上的剪力并不为零，而是等于销连接的承载力。力矩的平衡条件为

$$M_y = f_{ha} d \frac{a_2^2}{2} - f_{ha} d (a - a_2) \left(a_2 + \frac{a - a_2}{2} \right)$$

其中 M_y 为塑性铰弯矩。求解该关于 a_2 的一元二次方程，得 $a_2 = \sqrt{\dfrac{a^2}{2} + \dfrac{M_y}{f_{ha} d}}$。销槽承压有效长度 $a_0 = a_2 - a_1 = a_2 - (a - a_2) = 2a_2 - a = \left(\sqrt{2 + \dfrac{4M_y}{f_{ha} da^2}} - 1 \right) a$。再根据图 5-8(a) 中的销槽承压应力分布，可得对应于一个剪面的承载力为

$$R = f_{ha} d a_0 = f_{ha} d a \left[\sqrt{2 + \frac{4M_y}{f_{ha} da^2}} - 1 \right] \tag{5-39}$$

等式右侧括号内的数值，即为销槽承压有效长度系数。

图 5-8(b) 所示是采用厚钢板销连接屈服模式Ⅳ对应的销槽承压应力分布图。由于木构件也比较强（较厚、较高的强度），在交界面上和木构件内各形成了一个塑性铰，木构件内塑性铰处剪力为零，销槽承压有效长度 $a_0 = a_2$。力矩的平衡条件为

$$2M_y = f_{ha} d \frac{a_0^2}{2}$$

由上式可得 $a_0 = 2\sqrt{\dfrac{M_y}{f_{ha} d}}$，进而可得每个剪面的承载力为

$$R = f_{ha} d a_0 = \sqrt{2}\sqrt{2M_y f_{ha} d} \tag{5-40}$$

同为形成两个塑性铰的情况，但式(5-40) 是式(5-4) 所表示的承载力的 1.42 倍（$\sqrt{2}$ 倍），原因是厚钢板时塑性铰形成于钢板的边部，侧向作用力的力臂小于在木构件内部形成塑性铰的情况，故形成塑性铰所需的作用力增大。

图 5-8(c) 所示是采用薄钢板销连接屈服模式Ⅱ对应的销槽承压应力分布图。薄钢板和木构件对销转动都没有足够的钳制力，故销连接发生屈服模式Ⅱ。由于是薄钢板，故销位于交界面处的截面上的弯矩为零，力矩的平衡条件为

$$0 = f_{ha} d \frac{a_2^2}{2} - f_{ha} d (a - a_2) \left(a_2 + \frac{a - a_2}{2} \right)$$

由此求得 $a_2 = \dfrac{\sqrt{2}a}{2}$，销槽承压有效长度 $a_0 = a_2 - a_1 = a_2 - (a - a_2) = 2a_2 - a = (\sqrt{2} - 1)a$。根据力的平衡条件，每个剪面的承载力为

$$R = f_{ha} d a_0 = (\sqrt{2} - 1) f_{ha} d a \tag{5-41}$$

式中的销槽承压长度系数也可由式(5-39) 中对应的销槽承压长度系数中令弯矩 $M_y = 0$ 直接得到。

采用薄钢板时，如果木构件足够强，销可在木构件中形成一个塑性铰，如图 5-8(d) 所示。图中位于界面上的销截面的弯矩

为零，销槽承压有效长度 $a_0 = a_2$。根据力矩的平衡条件，得

$$M_y = f_{ha} d \frac{a_0^2}{2}$$

求得木构件销槽承压有效长度为 $a_0 = \sqrt{\dfrac{2M_y}{f_{ha}d}}$，再根据力的平衡条件，得每个剪面的承载力为

$$R = f_{ha} d a_0 = \sqrt{2M_y f_{ha} d} \tag{5-42}$$

有意思的是，式(5-42)表示的薄钢板销连接形成一个塑性铰所对应的承载力与式(5-4)所表示的形成两个塑性铰的木-木相连的螺栓连接的承载力相同。

所谓厚、薄钢板之分，欧洲规范 EC 5 是以钢板厚度 t 与销直径 d 的相对关系区分的。若 $t/d \geqslant 1$，则视为厚钢板；$t/d \leqslant 0.5$，视为薄钢板。厚度为 $0.5 < t/d < 1.0$ 时，可按厚、薄钢板的情况分别计算承载力，然后用线性插值的办法，确定销连接的承载力。

无论是厚钢板还是薄钢板，采用钢填板的销连接的屈服模式是相同的，可能的屈服模式如图 5-7 中的 I_s、III_s 和 IV 所示。屈服模式 III_s 是指木构件较模式 I_s 中的强，但尚不足以使销在木构件中形成塑性铰，但销能够在钢板边部（厚）或中部（薄）形成塑性铰，其每个剪面的承载力与厚钢夹板连接的屈服模式 III_s 所对应的承载力相同。屈服模式 IV 是指木构件足够强，足以使销在木构件中形成塑性铰，且销能够在钢板边部（厚）或中部（薄）形成塑性铰，其每个剪面的承载力与厚钢夹板连接的屈服模式 IV 所对应的承载力相同。

由上述分析可以看出，采用钢夹板和钢填板的销连接，凡是形成两个塑性铰的屈服模式，每个剪面的承载力都是形成两个塑性铰的屈服模式的木-木相连的销连接的承载力的 1.42 倍。对于薄钢夹板连接，对应每个剪面不能形成两个塑性铰，但其承载力与木-木相连并形成两个塑性铰的屈服模式的承载力相同。

规范 GB 50005—2003 规定当采用钢夹板时，销连接的承载

力取系数 k_v 的最大值（自规范 GBJ 5—73 开始即如此规定），即按木-木相连的销连接形成两个塑性铰的屈服模式计算。这显然是针对薄钢板销连接而言的。可以理解的是，在缺乏钢材的年代，一般不会采用厚钢板的。对于钢填板销连接的承载力，只在教科书中陈述过承载力可为完全木构件销连接的 1.42 倍[10]，但规范中并未见相关规定。

5.4.2 钢夹板销连接的承载力-厚钢板

1. 每销每剪面的承载力标准值

每剪面承载力标准值仍由式(5-27)计算，但用于计算钢夹板和钢填板销连接的承载力，式中的 a、f_{ha} 应分别为被连接木构件的厚度和其销槽承压强度。

销槽承压有效长度系数：

$$K_{aI} = 1.0（单剪连接） \tag{5-43}$$

$$K_{aI} = 0.5（钢夹板对称双剪连接） \tag{5-44}$$

对于屈服模式Ⅲs，由式(5-39)并取 $k_w = 1.4$，得

$$K_{aⅢs} = \sqrt{2 + \frac{0.55 k_{ep} f_{yk}}{\eta^2 f_{ha}}} - 1 \tag{5-45}$$

对于屈服模式Ⅳ，由式(5-40)并取 $k_w = 1.4$，得

$$K_{aⅣ} = \frac{1}{\eta} \sqrt{\frac{0.55 k_{ep} f_{yk}}{f_{ha}}}（钢夹板对称双剪 K_{aⅣ} \leqslant 0.5） \tag{5-46}$$

式中：f_{yk} 是销的屈服强度标准值；f_{ha} 是木构件的销槽承压强度；η 为销径比，是木构件的厚度与销直径的比值。式中仍保留了弹塑性系数 k_{ep}，可根据销钢材的性质决定其取值，但对我国的低碳钢，应取 $k_{ep} = 1.0$。式(5-45)、式(5-46)成立的前提是假设钢板不发生销槽承压破坏（厚、薄钢板均不发生销槽承压破坏），这样在式(5-33)、式(5-34)中令 $\beta \rightarrow \infty$，也可推得该两式。

最小销槽承压有效长度系数为

$$K_{a,\min}=\min\{K_{aI}, K_{a{\rm III}s}, K_{aIV}\} \tag{5-47}$$

将最小销槽承压有效长度系数 $K_{a,\min}$ 代入式(5-27)即得每个剪面的承载力标准值。注意式中的 a 为木构件的厚度。

2. 每销每剪面的承载力设计值

$$K_{ad,\min}=\min\left\{\frac{K_{aI}}{\gamma_{I}}, \frac{K_{a{\rm III}}}{\gamma_{\rm III}}, \frac{K_{aIV}}{\gamma_{IV}}\right\} \tag{5-48}$$

式中的抗力分项系数 γ_{I}、$\gamma_{\rm III}$、γ_{IV} 等与木-木相连的螺栓连接或钉连接相应的值相同。将 $K_{ad,\min}$ 代入式(5-35)即得每销每剪面的承载力设计值。

5.4.3 钢夹板销连接的承载力-薄钢板

1. 每销每剪面承载力标准值

销槽承压有效长度系数：

$$K_{aI}=0.5 (钢夹板对称双剪) \tag{5-49}$$

对于屈服模式 II，由式(5-41)并取 $(\sqrt{2}-1)\approx0.4$，得

$$K_{aII}=0.4 \tag{5-50}$$

对于屈服模式 IIIs，由式(5-42)并取 $k_w=1.4$，得

$$K_{a{\rm III}s}=\frac{1}{\eta}\sqrt{\frac{0.55k_{ep}f_{yk}}{f_{ha}}} (钢夹板对称双剪 K_{a{\rm III}s}\leqslant0.5) \tag{5-51}$$

最小销槽承压有效长度系数为

$$K_{a,\min}=\min\{K_{aI}, K_{aII}, K_{a{\rm III}s}\} \tag{5-52}$$

将最小销槽承压有效长度系数 $K_{a,\min}$ 代入式(5-27)即得每个剪面的承载力标准值。

2. 每销每剪面的承载力设计值

$$K_{ad,\min}=\min\left\{\frac{K_{aI}}{\gamma_{I}}, \frac{K_{aII}}{\gamma_{II}}, \frac{K_{a{\rm III}s}}{\gamma_{\rm III}}\right\} \tag{5-53}$$

式中的抗力分项系数 γ_{I}、γ_{II}、$\gamma_{\rm III}$ 等与木-木相连的螺栓连接或钉连接相应的值相同。将 $K_{ad,\min}$ 代入式(5-35)即得每销每剪面

的承载力设计值。

5.4.4 钢填板销连接的承载力

1. 每销每剪面承载力标准值

销槽承压有效长度系数：

$$K_{aI} = 1.0 \tag{5-54}$$

对于屈服模式III_s，由式(5-39)并取$k_w = 1.4$，得

$$K_{aIII_s} = \sqrt{2 + \frac{0.55k_{ep}f_{yk}}{\eta^2 f_{ha}}} - 1 \tag{5-55}$$

对于屈服模式IV，由式(5-40)并取$k_w = 1.4$，得

$$K_{aIV} = \frac{1}{\eta} \sqrt{\frac{0.55k_{ep}f_{yk}}{f_{ha}}} \tag{5-56}$$

最小销槽承压有效长度系数为

$$K_{amin} = \min\{K_{aI}, K_{aIII_s}, K_{aIV}\} \tag{5-57}$$

2. 每销每剪面的承载力设计值

$$K_{ad,min} = \min\left\{\frac{K_{aI}}{\gamma_I}, \frac{K_{aIII_s}}{\gamma_{III}}, \frac{K_{aIV}}{\gamma_{IV}}\right\} \tag{5-58}$$

式中的抗力分项系数γ_I、γ_{III}、γ_{IV}等与木-木相连的螺栓连接或钉连接相应的值相同。将$K_{ad,min}$代入式(5-35)即得每销每剪面的承载力设计值。

对于钢夹板和钢填板螺栓连接，规范 GB 50005—2017 采用了美国规范 NDSWC-2005[3] 的计算办法，为此规定钢销槽承压强度的标准值为钢销槽承压强度设计值的 1.1 倍。因为《钢结构设计规范》GB 50017—2003[24] 给出了钢销槽承压强度的设计值，将其材料分项系数估计为 1.1，故两者相乘得钢销槽承压强度的标准值。然后按式(5-27)～式(5-36)，即按与木-木相连销连接相同的方法，计算钢夹板或钢填板销连接的承载力。这种处理方法不过是将钢板视为一种销槽承压强度很高的"木材"而已。

值得注意的是，我国的木结构中采用钢夹板螺栓连接时，要求钢夹板应分为两条布置[10]。这主要考虑木材沿横纹方向的干缩受到钢夹板的约束作用，如果含水率改变较大时，将导致木材开裂。美国规范 NDSWC 则规定采用钢夹板销连接时，同一块钢板上最外侧两行螺栓的间距不应大于 127mm(5″)，否则，应将钢板分两条或多条布置。欧洲规范 EC 5 则无此规定。总之，设计者应根据构件制作时的含水率和木结构使用环境的湿度变化情况，采取合理措施，避免木构件在销连接节点处开裂。

5.5 钉连接

钉连接是销连接的一种，其工作原理和计算方法与螺栓连接相同，关于销连接承载力计算的式(5-27)～式(5-36) 形式上适用于钉连接。美国规范 NDSWC-2005[3] 关于销连接承载力的计算式中，销直径以 $0.25″(6.35mm)$ 为界，按不同的方法计算承载力的安全系数（折减系数，Reduction term）。直径小于 $0.25″$ 的销，实际上就是指钉。本节的主要任务，是基于规范 GB 50005—2003 的安全水平，通过承载力校准，确定式(5-36) 中适用于钉连接的抗力分项系数的值。由于螺栓连接已采用了美国规范 NDSWC-2005 关于销槽承压强度的计算方法，因此钉连接也采用其销槽承压强度的计算方法，计算式为

$$f_h = 114.5G^{1.84} \tag{5-59}$$

式中：G 为木材的全干相对密度（无量纲）。销槽承压强度的单位为 N/mm^2。按式(5-59)，钉连接的销槽承压强度与钉直径无关，与木纹方向也无关。

5.5.1 屈服模式 I_m 和 I_s

为与规范 GB 50005—2003 钉连接设计的可靠性保持基本一致，统计分析了东北落叶松等 8 种已知全干密度树种木材与屈服

模式 I_m、I_s 对应的钉连接的承载力，结果列于表 5-9。表中规范 GB 50005—2003 钉连接承载力设计值按 $R_d = 0.7adf_c$ 计算（即将式(5-5)中的销槽承压强度 f_h 代之以 $0.7f_c$，f_c 为木材的顺纹抗压强度），承载力标准值按式(5-27)、式(5-29)计算，其中的销槽承压强度按式(5-59)计算（下同）。抗力分项系数 $\gamma_I = R_k/R_d$。由此获得的抗力分项系数平均值 $\gamma_I = 3.42$，变异系数 V_I 为 0.12。取 $\gamma_I = 3.42$，所建议的钉连接承载力设计值计算式与规范 GB 50005—2003 相比，绝对误差平均值为 8.3%。

钉连接屈服模式 I_m、I_s 承载力校准　　表 5-9

树种	f_c(MPa)	f_{ha}(MPa)	$R_k(\times ad)$	$R_d(\times ad)$	$\gamma_I = R_k/R_d$
南方松	13	38.11	38.11	9.10	4.19
东北落叶松	15	38.11	38.11	10.50	3.63
花旗松-落叶松	13	31.98	31.98	9.10	3.51
铁杉-冷杉	10	24.23	24.23	7.00	3.46
西部铁杉	13	28.54	28.54	9.10	3.14
北美山地松	10	19.30	19.30	7.00	2.76
云杉-松-冷杉	10	23.21	23.21	7.00	3.32
樟子松	10	23.21	23.21	7.00	3.32

注：表中 R_k 系按式(5-27)计算的承载力标准值；R_d 系按规范 GB 50005—2003 计算的承载力设计值。表 5-10 同此。

5.5.2　屈服模式 II

与表 5-9 类似，统计分析了东北落叶松等 8 种已知全干密度树种木材，与屈服模式 II 对应的钉连接的承载力，结果列于表 5-10。表中钉连接与屈服模式 II 对应的承载力，分子为按式(5-27)、式(5-31)计算的承载力标准值，分母为按式(5-10)计算的规范 GB 50005—2003 钉连接承载力设计值，两者的比值即为抗力分项系数。由此获得的抗力分项系数平均值 $\gamma_{II} = 2.83$，变异系数 V_{II} 为 0.144。所建议的抗力设计值计算式与现行规范计算结果相比，绝对误差平均为 11.0%。

钉连接屈服模式Ⅱ和Ⅲ_s、Ⅲ_m、Ⅳ承载力校准

表 5-10

树种	R_k/R_d									
	Ⅱ					Ⅲ_s、Ⅲ_m、Ⅳ				
	$c/a=1.0$	$c/a=1.5$	$c/a=2.0$	$c/a=2.5$	$c/a=3.0$	$a/d=4$	$a/d=6$	$a/d=8$	$a/d=10$	$a/d=11$(Ⅳ)
南方松	15.78/3.90	20.39/5.85	25.88/7.80	31.86/9.75	38.11/11.7	71.31/27.40	82.95/30.29	82.95/32.81	82.95/36.78	82.95/40.02
东北落叶松	15.78/4.50	20.39/6.75	25.88/9.00	31.86/11.25	38.11/13.5	71.31/29.43	82.95/32.53	82.95/35.24	82.95/39.50	82.95/42.99
花旗松-落叶松	13.24/3.90	17.11/5.85	21.71/7.8	26.74/9.75	31.98/11.7	62.82/27.40	75.99/30.29	75.99/32.81	75.99/36.78	75.99/40.02
铁杉-冷杉	10.03/3.00	12.96/4.50	16.45/6.00	20.26/7.50	24.23/9.00	51.90/24.03	62.49/26.56	66.14/28.78	66.14/32.26	66.14/35.10
西部铁杉	11.82/3.90	15.27/5.85	19.38/7.80	23.86/9.75	28.54/11.70	58.01/27.40	71.25/30.29	71.79/32.81	71.79/36.78	71.79/40.02
北美山地松	7.99/3.00	10.33/4.50	13.10/6.00	16.13/7.50	19.30/9.00	44.78/24.03	52.41/26.56	59.03/28.78	59.03/32.26	59.03/35.10
云杉-松-冷杉	9.61/3.00	12.42/4.50	15.76/6.00	19.40/7.50	23.21/9.00	50.44/24.03	60.41/26.56	64.73/28.78	64.73/32.26	64.73/35.10
樟子松	9.61/3.00	12.42/4.50	15.76/6.00	19.40/7.50	23.21/9.0	50.44/24.03	60.41/26.56	64.73/28.78	64.73/32.26	64.73/35.10

注：表中木材的顺纹抗压强度与销槽承压强度同表 5-9；钉连接与屈服模式Ⅲ_s、Ⅲ_m、Ⅳ 对应的承载力为表中数值乘以 ad，与屈服模式Ⅱ 对应的承载力为表中数值乘以 d^2，分子、分母相除，故省略 ad、d^2。

5.5.3 屈服模式Ⅲs、Ⅲm和Ⅳ

首先需要了解规范 GB 50005—2003 钉连接承载力计算式中所隐含的钉的强度。按 GBJ 5—88 条文说明[19]，螺栓的抗弯强度设计值为 290N/mm²，钉的抗弯强度设计值为 835N/mm²；而按《木结构设计手册》[25]，螺栓的抗弯强度设计值为 294N/mm²，钉的抗弯强度设计值为 700N/mm²。两文献中关于螺栓抗弯强度的叙述是一致的，关于钉抗弯强度的叙述则存在明显差异，但可通过下述推算确定其正确值。由式(5-8)和式(5-12)可得，$R_b = K_v d^2 \sqrt{f_c} = 0.443 d^2 \sqrt{k_w f_y f_h}$。按规范 GB 50005—2003 的处理方法，$f_h = 0.75 f_c^{[19]}$，$k_v = 11.1$，故 $0.75 k_w f_y = (k_v/0.443)^2 = 627.8 N/mm^2$，$k_w f_y = (k_v/0.443)^2 = 837.1 N/mm^2 \approx 835 N/mm^2$。可见规范 GBJ 5—88 条文说明给出的数值是正确的。钉的强度设计值应为 $f_y \approx 837.1/1.4 = 597.9 N/mm^2$，故对钉连接而言，式(5-32)～式(5-34)中钢材的强度标准值应取为 $f_{yk} \approx 597.9 \times 1.1 = 657.7 N/mm^2$。

值得一提的是，《木结构工程施工质量验收规范》GB 50206—2012[26]以及林业行业标准《木结构用钢钉》LY/T 2059—2012[27]都规定了对圆钢钉抗弯强度平均值的要求，该抗弯强度平均值是按钉全截面屈服的试验结果计算。按规范 GBJ 5—88 条文说明给出的钉的抗弯强度设计值，推算与规范 GB 50206—2012 和标准 LY/T 2059—2012 对应的钉的抗弯强度平均值，钢材强度的变异系数按 8％考虑，应为 657.7/(1−1.645 ×0.08)≈757.4N/mm²。反之，若钉的检验结果已知，则可以反算适用于本节亦即规范 GB 50005—2017 的钉的强度标准值。

类似地，统计分析了东北落叶松等 8 种已知全干密度树种木材钉连接与屈服模式Ⅲs、Ⅲm、Ⅳ对应的承载力，结果亦列于表 5-10。表中钉连接与屈服模式Ⅲs、Ⅲm、Ⅳ对应的承载力，分子为按式(5-27)、式(5-33)或式(5-34)计算的承载力标准值，分母为按规范 GB 50005—2003 计算的钉连接承载力设计值，两者的比值即为抗力分项系数。钉所用钢材的强度标准值为 $f_{yk}=657.7N/mm^2$，$k_{ep}=1.0$。当厚径比 $a/d=6$、8、10 时，规范 GB 50005—2003 还是偏于保守地按产生一个塑性铰计算，而按式(5-33)、式(5-34) 计算，已经产生两个塑性铰，但应一并计入屈服模式Ⅲ$_s$、Ⅲ$_m$。经计算，抗力分项系数平均值 $\gamma_{Ⅲ}=2.22$，变异系数 $V_{Ⅲ}$ 为 0.098；抗力分项系数平均值 $\gamma_{Ⅳ}=1.88$，变异系数 $V_{Ⅳ}$ 为 0.059。钉连接的抗力分项系数 $\gamma_{Ⅲ}$、$\gamma_{Ⅳ}$ 与螺栓连接完全相同。取 $\gamma_{Ⅲ}=2.22$，钉连接承载力计算的绝对误差平均值为 4.3%；取 $\gamma_{Ⅳ}=1.88$，绝对误差平均值为 4.1%。

经承载力校准，钉连接对应各屈服模式的抗力分项系数分别为 $\gamma_{Ⅰ}=3.42$，$\gamma_{Ⅱ}=2.83$，$\gamma_{Ⅲ}=2.22$，$\gamma_{Ⅳ}=1.88$。钉连接的抗力分项系数 $\gamma_{Ⅲ}$、$\gamma_{Ⅳ}$ 数值上与螺栓连接相同，说明规范 GBJ 5—88中所用钉的直径一般都较大，因为主要用以连接方木与原木构件。

钉连接和螺栓连接的抗力分项系数中，都包含了荷载持续作用效应系数 ($K_{DOL}=0.72$)。如果排除该系数，钉连接与式(3-1) 对应的抗力分项系数分别约为 $\gamma_{Ⅰ}=2.46$，$\gamma_{Ⅱ}=2.04$，$\gamma_{Ⅲ}=1.60$，$\gamma_{Ⅳ}=1.35$；螺栓连接与式(3-1) 对应的抗力分项系数分别为 $\gamma_{Ⅰ}=3.15$，$\gamma_{Ⅱ}=2.61$，$\gamma_{Ⅲ}=1.60$，$\gamma_{Ⅳ}=1.35$。

经校准所给出的螺栓连接和钉连接承载力的设计值，与规范 GB 50005—2003 是持平的，其设计方法与可靠度水平未变，因此规范 GB 50005—2003 中关于连接承载力的调整规定原则上仍适用于规范 GB 50005—2017 中的螺栓连接和钉连接。规范 GB 50005—2003 中的相关调整措施体现在方木与原木的抗压强度的调整上，见式(5-10)～式(5-12)。凡方木与原木抗压强度的调整规定均应适用于本章所提出的螺栓连接和钉连接承载力的设计值。第 3 章中所提出的木材与木产品强度设计值的调整措施，目前并不适用于规范 GB 50005—2017 中的螺栓连接和钉连接。将来对销连接进行可靠度分析后，可提出类似于木材与木产品强度设计值调整的措施。

类似的道理，规范 GB 50005—2017 中的螺栓连接和钉连接承载力原则上仅适用于规范 GB 50005—2003 中关于螺栓连接和钉连接的构造要求，而不宜直接采用美国规范的规定。

5.6 规范 GB 50005、NDSWC、Eurocode 5 螺栓连接承载力比较

中国、美国、欧洲的木结构设计规范中，对于螺栓连接的承载力设计值而言哪一家的更偏保守一些或更偏不保守一些呢？这个问题是不少人在接触这些规范时常常要问的，本节针对这个问题作一探讨。

规范 GBJ 5—88 和 GB 50005—2003 的目标可靠度为 3.2，其中螺栓连接的可靠度指标平均约为 3.94[19,20]。欧洲规范 EC 5 的目标可靠度为 3.8[30]，未见其关于螺栓连接可靠度的另外规定，故可视螺栓连接的目标可靠度也为 3.8。美国规范 NDSWC—2005 的目标可靠度为 2.4[29]，也未见其关于螺栓连接可靠度的另外规定，故也可视此值为螺栓连接的目标可靠度。因此，狭义地看，螺栓连接的安全性似乎是中国、欧洲规范相当，美国规范较低。然而，由于各国荷载和抗力的统计参数不同，抗力的计算方法不同（包括破坏的标志点不同），可靠度的计算方法也不同，故不同国家规范之间的可靠度指标并不等价，所以仅根据不同国家规范间目标可靠度之高低并不能判断其安全水平相对之高低。另一方面，结构的实际安全水平尚与木产品生产、构件制作和结构安装过程中的质量保障体系有关，与产业的技术成熟程度有关。因此，结构设计规范的目标可靠度应该与某一国家的经济技术水平相适应，不同国家规范间不宜攀比。

但在给定的设计参数和设计条件下，中国、美国、欧洲规范间螺栓连接承载力的安全水平可以作一简单比较。首先是需要在相同

的荷载条件下，比较各规范螺栓连接的承载力设计值。设活荷载与恒荷载的比值为 $\rho = Q_k / G_k = 3.0$，这是各国木结构可靠度分析和确定木产品强度设计指标时最常用的比值。各规范的设计方程如下。

规范 GB 50005—2017[31]：$R_d^{GB5} = 1.2G_k + 1.4Q_k = 1.2G_k + 1.4 \times 3G_k = 5.4G_k$；

美国规范 NDSWC ASD 法：$R_d^{NDS} = G_k + Q_k = G_k + 3G_k = 4G_k$；

欧洲规范 EC 5：$R_d^{EC5} = 1.35G_k + 1.5Q_k = 1.35G_k + 3 \times 1.5G_k = 5.85G_k$。

各设计方程右侧荷载效应的比例关系为 GB 5：NDSWC：EC 5 = 1.0：0.741：1.083，因此可简略地说，在荷载比率为 $\rho = Q_k / G_k = 3.0$ 的条件下，如果安全性基本一致，美国规范 NDSWC 螺栓连接的承载力设计值乘以系数 1.35（即 $1.35R_d^{NDS}$），欧洲规范 EC 5 承载力设计值乘以 0.923（即 $0.923R_d^{EC5}$），可视为"等价于"规范 GB 50005—2017 的承载力设计值 R_d^{GB5}。

为简捷，设为单剪连接形式，被连接构件的木材都是樟子松，考虑不同屈服模式，较薄、较厚构件的厚度分别取为 $a/c = $ 10mm/40mm、30mm/45mm、40mm/60mm、60mm/90mm、80mm/120mm 5 组。螺栓直径假设为 $d = 16$mm，钢材的强度等级假定为 Q235，相当于钢结构中的 4.6 级螺栓（极限强度标准值约为 $f_{uk} = 400$N/mm²，屈服强度标准值约为 $f_{yk} = 240$N/mm²）。由于被连接构件的材质相同，故可能发生的屈服模式只有 I_s、II、III_s 和 IV 四种。

樟子松的气干相对密度为 $\rho_{mean} = 0.457$，其密度的变异系数为 0.104[25]，则可推算其密度的标准值约为 $\rho_k = 457 \times (1 - 1.645 \times 0.104) = 378$kg/m³。从密度上看，樟子松相当于欧洲规范 EC 5 中强度等级为 C27 的锯材，故在欧洲规范 EC 5 中，该强度等级木材的平均气干密度为 $\rho_{mean} = 450$kg/m³，气干密度的标准值为 $\rho_k = 370$kg/m³[28]。

1. 按规范 GB 50005—2017 计算承载力

设计参数：樟子松的绝干相对密度 $G=0.42$[11]，其销槽承压强度 $f_{ha}=f_{he}=77G=77\times0.42=32.34\text{N/mm}^2$，钢材的屈服强度标准值 $f_{yk}=235\text{N/mm}^2$。

当 $a/c=10\text{mm}/40\text{mm}$ 时，$\alpha=4$，$\beta=1$，$\eta=0.625$。分别根据式(5-29)、式(5-31)、式(5-33)、式(5-34) 计算销槽承压有效长度系数。

$K_{aⅠ}=\alpha\beta=4\times1=4$，应取 $K_{aⅠ}=1.0$；

$$K_{aⅡ}=\frac{\sqrt{\beta+2\beta^2(1+\alpha+\alpha^2)+\alpha^2\beta^3}-\beta(1+\alpha)}{1+\beta}$$

$$=\frac{\sqrt{1+2\times(1+4+4^2)+4^2}-(1+4)}{1+1}=1.34$$

$$K_{aⅢs}=\frac{\beta}{2+\beta}\left[\sqrt{\frac{2(1+\beta)}{\beta}+\frac{1.647(2+\beta)k_{ep}f_{yk}}{3\beta f_{ha}\eta^2}}-1\right]$$

$$=\frac{1}{3}\left[\sqrt{\frac{2(1+1)}{1}+\frac{1.647(2+1)\times235}{3\times32.34\times0.625^2}}-1\right]=1.63$$

$$K_{aⅣ}=\frac{1}{\eta}\sqrt{\frac{1.647\beta k_{ep}f_{yk}}{3(1+\beta)f_{ha}}}=\frac{1}{0.625}\sqrt{\frac{1.647\times235}{3\times32.34\times0.625^2}}=2.26$$

可见，最小的销槽承压有效长度系数为 $K_{aⅠ}=1.0$，即该螺栓连接的屈服模式为Ⅰs（螺栓不屈服，"超筋"）。将计算所得的销槽承压有效长度系数代入式(5-27)，得各屈服模式对应的承载力标准值，再由式(5-35)、式(5-36) 确定承载力设计值。按相同方法，可计算被连接构件不同厚度情况下螺栓连接承载力的标准值和设计值。为简明和便于比较，将计算结果列于表 5-11 中。承载力标准值各列中括号内的数字是销槽承压有效长度系数的值；当承载力设计值所对应的屈服模式与最低的承载力标准值所对应的屈服模式不一致时，则在设计值后的括号内标注。

2. 按规范 NDSWC-2005 计算承载力

设计参数：樟子松的绝干相对密度仍为 $G=0.42$[11]，其销槽承压强度 $F_{em}=F_{es}=77G=77\times0.42=32.34\text{N/mm}^2$，适用于规范

NDSWC-2005 的钢材的抗弯强度标准值 $F_{ybk}=1.3F_{yk}=235\times$ $1.3=305.5N/mm^2$ （与 $0.5\times(240+400)=317.5N/mm^2$ 基本一致）。对于屈服模式 I_s、II，承载力标准值计算与规范 GB 50005—2017 完全相同。对于模式 III_s、IV，由于钢材强度的取值方法不同，使得计算结果与规范 GB 50005—2017 有所不同。

以 $a/c=30mm/45mm$ 为例，$R_t=1.5$，$R_e=1$，分别根据式 (5-14)、式(5-15)、式(5-17)、式(5-18) 计算承载力标准值。

I_s：$R_k=Dl_sF_{es}=16\times30\times32.34=15523.2N=15,52kN$

$$II：R_k=\frac{Dl_sF_{es}\left[\sqrt{R_e+2R_e^2(1+R_t+R_t^2)+R_t^2R_e^3}-R_e(1+R_t)\right]}{1+R_e}$$

$$=\frac{16\times30\times32.34\left[\sqrt{1+2(1+1.5+1.5^2)+1.5^2}-(1+1.5)\right]}{1+1}$$

$$=8.31kN$$

$$III_s：R_k=\frac{Dl_sF_{em}}{(2+R_e)}\left[\sqrt{\frac{2(1+R_e)}{R_e}+\frac{2F_{yb}(2+R_e)D^2}{3F_{em}l_s^2}}-1\right]$$

$$=\frac{16\times30\times32.34}{3}\left[\sqrt{2(1+1)+\frac{2\times305.5(2+1)\times16^2}{3\times32.34\times30^2}}-1\right]$$

$$=10.67kN$$

$$IV：R_k=D^2\sqrt{\frac{2F_{em}F_{yb}}{3(1+R_e)}}$$

$$=16^2\times\sqrt{\frac{2\times32.34\times305.5}{3\times2}}$$

$$=14.69kN$$

可见，承载力最低屈服模式为 II（销刚体转动，未屈服，仍属"超筋"）。将所算得的承载力标准值除以规范 NDSWC-2005 的"安全系数"，$R_d=4.0$（I_s）、3.6（II）、3.2（III_s、IV），得承载力设计值。重复上述过程，可计算被连接构件各不同厚度情况下螺栓连接承载力的标准值和设计值。将所算得的承载力标准值和设计值列于表 5-11，括号内的数值为所计算的承载力设计值乘以

1.35 后的值，以便与规范 GB 50005—2017 和规范 EC 5 比较。

3. 按规范 Eurocode 5 计算承载力

设计参数：螺栓钢材的极限强度标准值 $f_{uk}=400\text{N/mm}^2$；销槽承压强度标准值[4] $f_{h,1,k}=f_{h,2,k}=0.082(1-0.01d)\rho_k=0.082\times(1-0.01\times16)\times370=25.49\text{N/mm}^2$；塑性铰屈服弯矩的标准值[4] $M_{yk}=0.3f_{uk}d^{2.6}=0.3\times400\times16^{2.6}=162141.13\text{N}\cdot\text{mm}$。规范 NDSWC-2005 螺栓连接塑性铰弯矩的标准值为[3] $M_{yb}=k_w F_{yb}\pi d^3/32=1.7\times305.5\times3.14\times16^3/32=208737.15\text{N}\cdot\text{mm}$，就此算例而言，按美国规范 NDSWC-2005 计算的塑性铰弯矩约为欧洲规范 EC 5 的 1.3 倍。

以 $a/c=40\text{mm}/60\text{mm}$ 为例，$\beta=1$，按不计"绳索效应"的情况计算各屈服模式对应的承载力标准值。考虑"绳索效应"时，按欧洲规范 EC 5 最大可取螺栓侧向承载力的 25% 的规定处理，即螺栓侧向承载力乘以系数 1.25。

I_s：$F_{v,RK}=f_{h,1,k}t_1d25.49\times40\times16=16313.6N=16.31\text{kN}$

II：$F_{v,RK}=\dfrac{f_{h,1,k}t_1d}{1+\beta}\left[\sqrt{\beta+2\beta^2\left[1+\dfrac{t_2}{t_1}+\left(\dfrac{t_2}{t_1}\right)^2\right]+\beta^3\left(\dfrac{t_2}{t_1}\right)^2}\right.$

$\left.\qquad-\beta\left(1+\dfrac{t_2}{t_1}\right)\right]$

$\qquad=\dfrac{25.49\times40\times16}{2}\left[\sqrt{1+2(1+1.5+1.5^2)+1.5^2}\right.$

$\left.\qquad-1\times(1+1.5)\right]$

$\qquad=8.73\text{kN}$

III_s：$F_{v,RK}=1.05\dfrac{f_{h,1,k}t_1d}{2+\beta}\left[\sqrt{2\beta(1+\beta)+\dfrac{4\beta(2+\beta)M_{y,RK}}{f_{h,1,k}dt_1^2}}-\beta\right]$

$\qquad=\dfrac{1.05\times25.49\times40\times16}{3}$

$\qquad\left[\sqrt{2(1+1)+\dfrac{4(2+1)\times162141.13}{25.49\times16\times40^2}}-1\right]$

$\qquad=9.38\text{kN}$

222

$$\text{IV}: \qquad F_{v,Rk} = 1.15\sqrt{\frac{2\beta}{1+\beta}}\sqrt{2M_{y,Rk}f_{h,1,k}d}$$

$$= 1.15\times\sqrt{2\times162141.13\times25.49\times16}$$

$$= 13.23\text{kN}$$

将所算得的各屈服模式承载力标准值的最低者代入式(5-26)，按规范 EC 5 的规定，抗力分项系数取 $\gamma_M = 1.3$，荷载持续作用效应系数取 $k_{mod} = 0.8$，经计算得承载力的设计值。重复上述过程，可计算被连接构件不同厚度情况下螺栓连接承载力的标准值和设计值。将所算得的承载力标准值和设计值列于表 5-11，括号内的数值为考虑"绳索效应"后的值；设计值的第二行为乘以 0.923 后的数值，以便与规范 GB 50005—2017 和规范 NDSWC-2005 比较。

中、美、欧规范螺栓连接承载力计算结果　　　　表 5-11

规范名称	a/c (mm)	R_k(kN)				最低模式	R_d(kN)
		I$_s$	II	III$_s$	IV		
GB 5	10/40	5.17 (1.0)	6.93 (1.34)	8.43 (1.63)	11.69 (2.26)	I$_s$	1.18
	30/45	15.52 (1.0)	8.38 (0.54)	8.85 (0.57)	11.33 (0.73)	II	2.31
	40/60	20.70 (1.0)	11.18 (0.54)	9.93 (0.48)	11.59 (0.56)	III$_s$	3.27(II)
	60/90	31.05 (1.0)	16.77 (0.54)	12.42 (0.40)	11.80 (0.38)	IV	4.62(II)
	80/120	41.40 (1.0)	22.35 (0.54)	15.32 (0.37)	11.59 (0.28)	IV	6.16(II、IV)
NDSWC	10/40	5.17	6.93	10.76	14.69	I$_s$	1.29(1.74)
	30/45	15.52	8.31	10.67	14.69	II	2.33(3.14)
	40/60	20.68	11.17	11.38	14.69	II	3.10(4.19)
	60/90	31.02	16.76	13.57	14.69	III$_s$	4.24(5.72)
	80/120	41.36	22.33	16.29	14.69	IV	4.59(6.19)
EC 5	10/40	4.08	5.46 (6.83)	8.84 (11.05)	13.23 (16.54)	I$_s$	2.51(2.31)
	30/45	12.24	6.61 (8.26)	8.78 (10.97)	13.23 (16.54)	II	4.07(5.08) 3.76(4.69)
	40/60	16.31	8.73 (10.92)	9.38 (11.72)	3.23 (16.54)	II	5.37(6.72) 4.96(6.20)
	60/90	24.48	13.21 (16.52)	11.20 (14.00)	13.23 (16.54)	III$_s$	6.89(8.62) 6.36(7.95)
	80/120	32.64	17.63 (22.03)	13.46 (16.82)	13.23 (16.54)	IV	8.14(10.18) 7.51(9.39)

注：R_k 为承载力标准值；R_d 为承载力设计值。

从表 5-11 可以看出，就螺栓连接承载力的标准值而言，中国、美国、欧洲规范的计算结果大致相同。对于屈服模式 Ⅰ$_s$、Ⅱ，中、美规范计算结果完全相同；对于屈服模式 Ⅲ$_s$、Ⅳ，美国规范的计算结果高于中国规范，原因是规范 NDSWC-2005 塑性铰的计算值高于规范 GB 50005（为 $1.7 \times 1.3/1.4 = 1.58$ 倍，开方后为 1.26 倍）。如果不计"绳索效应"，欧洲规范的结果偏低。考虑"绳索效应"后，欧洲规范承载力的标准值方可与中、美规范基本持平。为便于比较设计值，将各规范在各种构件厚度情况下螺栓连接承载力的"等价"设计值列于表 5-12，其中括号内的数值是考虑了"绳索效应"的结果。

中、美、欧规范螺栓连接承载力计算结果　　　　表 5-12

a/c (mm)	R_d(kN)			
	GB 5	NDSWC	EC 5	$R_d^{GB5}/R_d^{NDS}/R_d^{EC5}$
10/40	1.18	1.74	2.31	1∶1.47∶1∶96
30/45	2.31	3.14	3.76(4.69)	1∶1.36∶1.63(2.03)
40/60	3.27	4.19	4.96(6.20)	1∶1.28∶1.52(1.90)
60/90	4.62	5.72	6.36(7.95)	1∶1.24∶1.38(1.72)
80/120	6.16	6.19	7.51(9.39)	1∶1.00∶1.22(1.52)

由表 5-12 可以看出，在设计参数相同的情况下，中、美、欧规范间螺栓连接承载力设计值（等价的）的关系是，欧洲规范最高，美国规范次之，中国规范最低。表 5-11 显示，螺栓连接承载力标准值并不存在显著差别，而承载力设计值差别明显，主要是由于不同的规范对安全问题的处理方法不同。例如屈服模式 Ⅱ，规范 GB 50005 的抗力分项系数为 3.63（内含 $K_{DOL} = 0.72$），而规范 EC 5 的相应值只有 $1.3/0.8 = 1.625$。欧洲规范 EC 5 最不保守，不是因为其利用了"绳索效应"，而是因为其采用了较低的抗力分项系数。

上述比较还表明，各国规范目标可靠度间的相对高低关系，并不一定完全反映各规范间安全水平的相对关系。因此，不宜简单地说我国的可靠度比其他国家是高了还是低了；或者简单地说，我国应该提高或降低可靠度水平。对木结构而言，保证生产实践（设计和施工）的质量，也是保证结构安全的重要环节。另外，规范 GB/T 50708—2012 采用软转换法确定螺栓连接的承载力，其安全水平与美国规范 NDSWC 相当，对我国而言结果是偏于不安全的，尚未能符合我国的可靠度要求。

5.7 小结

规范 GB 50005 原有的销连接（螺栓连接和钉连接）承载力计算方法，仅适用于方木与原木构件的连接，且假定被连接的构件木材的材质等级相同，所用钢材也仅限于 Q235（A3 钢），承载力计算式中材料的部分力学性能指标根据所限定的木材和钢材作了定值化处理，即钢材的强度设计值取为 $f = 215\text{N/mm}^2$，木材的抗压强度设计值取为 $f_c = 12\text{N/mm}^2$。为充分利用材料，原有承载力计算方法排除了屈服模式 I s、II，尽量在木材销槽承压达到极限状态时，使销屈服且形成塑性铰。为适应木结构发展的需要，本章主要采用了基于刚塑性假设的欧洲销连接屈服模式（EYM），推导了以较薄或边部构件表达的销连接承载力计算式，但仍沿用了规范 GB 50005 原有的考虑塑性并不充分发展的塑性铰弯矩的计算方法。这使得销连接承载力的计算与实际工作情况相符，也保持了我国销连接设计理论和方法的连续性。

通过对销连接承载力校准的方法，确定了与各屈服模式对应的螺栓连接和钉连接的抗力分项系数。这种处理方法使销连接的可靠度与规范 GBJ 5—88 和 GB 50005—2003 基本一致，承载力计算结果基本持平。但规范 GB 50005—2017 销连接承载力的计算方法仍有待于改进与完善，尚需通过可靠度分析确定销连接的承载力。

规范 GB 50005—2003 及以前版本的木结构设计规范中，所用螺栓的材质仅限于 Q235 或 A3 钢，根据被连接木构件的厚度，确定螺栓的长度，并根据所用钢材的力学性能，计算连接的承载力。即使采用标准化、工业化生产的木产品，采用 Q345 等强度等级高一些的钢材，这种做法无疑还是适用的。但钢结构中所用普通螺栓分为 4.6 级、4.8 级等，其力学性能与 Q235、Q345 等钢材有所不同。如果这些螺栓用于木结构的螺栓连接，怎样计算其承载力，仍是有待于进一步研究的问题。另外，规范 GB 50005—2003 中销的抗弯强度设计值实际指的是钢材的抗拉或抗压强度设计值乘以考虑塑性的系数 $k_w=1.4$ 后的值，这是容易与钢结构产生歧义之处。本章所建议的销连接承载力计算式中，采用了钢材的屈服强度标准值，名称和含义与钢结构是一致的。

钉连接承载力计算式的形式与螺栓连接相同，形成塑性铰的屈服模式对应的抗力分项系数也与螺栓连接相同，但应注意，钉连接承载力计算式中采用了钉屈服强度的标准值，可由钉连接强度试验所获得的钉的抗弯强度平均值换算得到。

校准后的销连接的承载力计算值与规范 GB 50005—2003 基本持平，销的边、端、间距要求可与规范 GB 50005—2003 相同。新修订的规范 50005—2017 参考美国规范 NDSWC 重新规定了销布置的构造要求，其中螺栓连接的边、端、间距要求与规范 GB 50005—2003 的基本相同，但钉连接的要求与规范 GB 50005—2003 有较显著的不同，这是木结构设计中需要注意的问题。规范 50005—2017 还参考美国规范 NDSWC 引用了群栓系数，也是设计中需要注意的问题。

本章主要解决了销连接中最常见的螺栓连接和钉连接承载力的计算问题，计算方法可将方头螺钉连接和木螺钉连接作为销连接归于此类，但应用时需要明确其屈服强度标准值。齿板连接也可归类于一种特殊的销连接（群钉＋蒙皮），本章没有涉及其承载力的计算问题，但在规范 50005 中仍是一个值得进一步研究的问题。

参考文献

[1] GB 50005—2003 木结构设计规范 [S]. 2005 版. 北京：中国建筑工业出版社，2006.

[2] Larsen Hans, Enjily Vahik. Practical design of timber structures to Eurocode 5 [M] London： Thomas Telford Limited，2009：1-268.

[3] NDS-2005：National design specification for wood construction ASD/LRFD [S]. Washington，DC：American Forest & Paper Association，American Wood Council，2005.

[4] EN 1995-1-1：2004 Eurocode 5：Design of timber structures [S]. Brussels：European Committee for Standardization，2004.

[5] CSA O86-01：Engineering design in wood [S]. Canadian Standards Association，Toronto，2005.

[6] 樊承谋. 木结构螺栓联结的工作原理及计算公式 [J]. 哈尔滨建筑工程学院学报，1982（1）：18-36.

[7] 樊承谋. 弹塑性工作原理推导木结构螺栓连接计算公式的基本原则 [J]. 哈尔滨建筑工程学院学报 [J]. 1986（3）：137-141.

[8] 樊承谋. 弹塑性工作原理推导木结构螺栓连接计算公式的基本原则 (续) [J]. 哈尔滨建筑工程学院学报 [J]. 1986（4）：109-128.

[9] 潘景龙，祝恩淳. 木结构设计原理 [M]. 北京：中国建筑工业出版社，2009：1-342.

[10] 哈尔滨建筑工程学院等. 木结构 [M]. 北京：中国建筑工业出版社，1981.

[11] GB/T 50708—2012 胶合木结构技术规范 [S]. 北京：中国建筑工业出版社，2012.

[12] ASTM D5764-97a Standard test methods for evaluating dowel-bearing strength of wood and wood-based products [S]. West Conshohcken，PA：American Society for Testing and Materials，2002.

[13] GB/T 1931—2009 木材含水率测定方法 [S]. 北京：中国标准出版社，2009.

[14] ASTM D 4442-92 Standard test methods for direct moisture content measurement of wood and wood-base materials [S]. West Consho-

hcken, PA: American Society for Testing and Materials, 2003.

[15] ASTM D 2395-02 Standard test methods for specific gravity of wood and wood-based material [S]. West Conshohcken, PA: American Society for Testing and Materials, 2002.

[16] GB/T 50329—2012 木结构试验方法标准 [S]. 北京: 中国标准出版社, 2012.

[17] ASTM D 5652-95 Standard test methods for bolted connections in wood and wood-based products [S]. West Conshohcken, PA: American Society for Testing and Materials, 2007.

[18] 周晓强. 木结构螺栓连接承载性能研究 [D]. 哈尔滨: 哈尔滨工业大学, 2014.

[19] GBJ 5—88 木结构设计规范条文说明 [S]. 北京: 中国建筑工业出版社, 1989.

[20] 王振家. 圆钢梢连接承弯、承压承载能力可靠度分析 [J]. 哈尔滨建筑工程学院学报, 1984 (4): 32-45.

[21] 规结-3—55 木结构设计暂行规范 [S]. 北京: 建筑工程出版社, 1955.

[22] GBJ 5—73 木结构技术规范 [S]. 北京: 中国建筑工业出版社, 1973.

[23] GBJ 5—88 木结构设计规范 [S]. 北京: 中国建筑工业出版社, 1989.

[24] GB 50017—2003 钢结构设计规范 [S]. 北京: 中国计划出版社, 2003.

[25] 《木结构设计手册》编辑委员会. 木结构设计手册 [M]. 第3版. 北京: 中国建筑工业出版社, 2005.

[26] GB 50206—2012 木结构工程施工质量验收规范 [S]. 北京: 中国建筑工业出版社, 2012.

[27] LY/T 2059—2012 木结构用钢钉 [S]. 北京: 中国标准出版社, 2012.

[28] EN 338: 2009: Structural timber-Strength classes [S]. European Committee for Standardization, Brussels, 2009.

[29] ASTM D 5457-04a: Standard specification for computing reference resistance of wood-based materials and structural connections for Load and Re-

sistance Factor Design [S]. West Conshohcken, PA: American Society for Testing and Materials, 2004.

[30] EN 1990: 2002: Eurocode-Basis of structural design [S]. European Committee for Standardization, Brussels, 2002.

[31] GB 50005—2017 木结构设计规范（报批稿）[S]. 成都：木结构设计规范编制组，2016.